LANDSCAPE
RECORD 景观实录

社长/PRESIDENT	宋纯智 scz@land-rec.com
主编/EDITOR IN CHIEF	吴 磊 stone.wu@archina.com
编辑部主任/EDITORIAL DIRECTOR	宋丹丹 sophia@land-rec.com 李 红 mandy@land-rec.com
编辑/EDITORS	殷文文 lola@land-rec.com 张 靖 jutta@land-rec.com 张昊雪 jessica@land-rec.com
网络编辑/WEB EDITOR	钟 澄 charley@land-rec.com
美术编辑/DESIGN AND PRODUCTION	何 萍 pauline@land-rec.com
技术插图/CONTRIBUTING ILLUSTRATOR	李 莹 laurence@land-rec.com
特约编辑/CONTRIBUTING EDITORS	邹 喆 高 巍
编辑顾问团/ADVISORY COMMITTEE	Patrick Blanc, Thomas Balsley, Ive Haugeland Nick Wilson, Lars Schwartz Hansen, Juli Capella, Elger Blitz, Mário Fernandes 王向荣 庞 伟 孙 虎 何小强 黄剑锋
运营中心/MARKETING DEPARTMENT	上海建盟文化传播有限公司 上海市飞虹路568弄17号
运营主管/MARKETING DIRECTOR	刘梦丽 shirley.liu@ela.cn (86 21) 5596-8582 fax: (86 21) 5596-7178
对外联络/BUSINESS DEVELOPMENT	刘佳琪 crystal.liu@ela.cn (86 21) 5596-7278 fax: (86 21) 5596-7178
运营编辑/MARKETING EDITOR	李雪松 joanna.li@ela.cn
发行/DISTRIBUTION	袁洪章 yuanhongzhang@mail.lnpgc.com.cn (86 24) 2328-0366 fax: (86 24) 2328-0366
读者服务/READER SERVICE	蔡婷婷 tina@land-rec.com (86 24) 2328-0272 fax: (86 24) 2328 0367

图书在版编目（CIP）数据

景观实录. 棕地修复与景观 / （英）艾弗斯编；李婵译.
-- 沈阳：辽宁科学技术出版社, 2014.9
ISBN 978-7-5381-8852-3

I. ①景… II. ①艾… ②李… III. ①景观设计
–作品集–世界–现代
IV. ①TU986
中国版本图书馆CIP数据核字（2014）第223680号

景观实录NO. 5/2014

辽宁科学技术出版社出版/发行（沈阳市和平区十一纬路29号）
各地新华书店、建筑书店经销

开本：880×1230毫米 1/16 印张：8 字数：100千字
2014年9月第1版 2014年9月第1次印刷
定价：**48.00元**
ISBN 978-7-5381-8852-3
版权所有 翻印必究

辽宁科学技术出版社 www.lnkj.com.cn
《景观实录》 http://www.land-rec.com

Please Follow Us

《景观实录》官方网站
http://www.land-rec.com

《景观实录》官方新浪微博
http://weibo.com/LnkjLandscapeRecord

《景观实录》官方腾讯微博
http://t.qq.com/landscape-record

《景观实录》官方微信公众平台 微信号：
landscape-record

媒体支持：

LANDSCAPE 景观实录
RECORD

09 2014

封面: 蒂森克虏伯公司总部,KLA景观事务所,图片由KLA景观事务所提供

本页: 罗莱半岛公园,AJOA景观事务所,图片由AJOA景观事务所提供

对页左图: 伦敦奥林匹克公园绿地与公共空间,LDA设计公司、哈格里夫斯景观事务所,图片由LDA设计公司提供

对页右图: 巴特西发电厂临时公园,LDA设计公司,图片由坎农•艾弗斯提供

国际团队赢得越德大学设计竞赛

英国景观设计公司格兰特景观事务所（Grant Associates）联手美国波士顿的MSA建筑事务所（Machado and Silvetti Associates, Inc.）组成的国际设计团队，在越德大学（VGU）国际设计竞赛中获胜，将为该校设计位于越南平阳省的新校区。

世界银行、越南教育培训部（VMET）和德国黑森州科学艺术部（GHSMSA）展开开创性的合作，为越德大学规划了一个新校区，旨在为越南学生提供国际一流的教育和研究设施。

MSA建筑事务所将负责一期工程的设计工作。一期工程的校区占地50.5公顷，将耗资1.21亿美元。格兰特景观事务所将策划校园的整体景观规划。一期工程预计2017年11月竣工。

格兰特景观事务所的景观设计方案体现了如下的理念：可持续型大学校园应该具备多层次、多功能的景观，让校园环境成为学生们"活的教室"，同时也是修复并改善环境的一种工具。新校区的景观规划了一系列的道路、庭院和绿色空间，鼓励学生进行户外学习和社会交往。校园内的各个空间通过舒适迷人的林荫小路相连，形成一张四通八达的"景观网"。

设计师拟在校园一侧建一片林地，种植本地的热带乔木，形成一个多功能绿化带。校园内的道路两旁将种植行道树，用成排的树木界定出宽敞的开放式空间，为建筑营造优美的背景环境。设计师还规划了若干"庭院花园"，打造较私密的空间，每个小花园的特点与其毗邻的建筑的功能相符。

格兰特景观事务所董事长安德鲁·格兰特（Andrew Grant）表示："我们很高兴能与MSA建筑事务所和奥雅纳工程咨询公司（Arup）合作，共同为这一重点校区打造一体式的设计。我们的设计理念是创造特色鲜明的景观空间，为学生的学习、环境质量的改善以及户外娱乐带来多重益处。"

第五届国际人文景观大会开始筹备

伊朗景观设计师协会（ISLAP）和国际景观设计师联盟亚太地区分会（IFLA-APR）共同宣布，第五届国际人文景观大会将于2014年11月17~18日在伊朗首都德黑兰举行。本届大会的主题是"城市文化景观——过去、现在和未来"。

国际人文景观大会每年由国际景观设计师联盟亚太地区分会的人文景观委员会主持召开。大会为世界各地的人文景观专家提供了一个交流观点、分享经验的机会。

今年的人文景观大会主要研究三个议题：
1. 历史城市景观
2. 当代城市人文景观
3. 未来城市人文景观

本届大会的目标包括：对城市人文景观的方方面面进行回顾和梳理；为知识和经验的交流搭建平台；为构建全面、完整的城市人文景观体系而努力。

Urban Cultural Landscape
Past, Present, Future
5th International
Cultural Landscape Conference
November 17-18, 2014
Tehran, IRAN

首个 "熨斗广场" 假期规划设计竞赛宣布启幕

23号大街熨斗社区委员会（Flatiron/23rd Street Partnership）和凡·艾伦协会（Van Alen Institute）共同宣布，将举办首个 "熨斗广场" 假期规划设计竞赛，纽约市的许多顶级设计公司将参与其中，为纽约熨斗大厦（Flatiron Building）前方的广场设计景观小品，为迎接2014年冬季假期做准备。

获胜的方案将于11月在百老汇街北广场、第五大街和23号大街揭晓，并将于整个冬季假期期间矗立在广场上，作为社区委员会 "23天熨斗狂欢节" 活动的一部分。

目前共有7家公司受邀提交设计方案，分别是：EFGH建筑设计工作室（EFGH Architectural Design Studio）、e+i工作室（e+i studio）、伊纳宝设计公司（INABA）、CJ/M设计公司（Chris Jordan / Moey）、RSVP建筑工作室（RSVP Architecture Studio）、斯盖普景观设计事务所（SCAPE / Landscape Architecture）和Stereotank设计工作室。

"熨斗大厦是纽约极具标志性的地方。这次竞赛将对这里的环境进行改造。我们期待获胜的设计

能够体现出熨斗区核心的多样性和创新性，" 社区委员会执行理事珍妮佛·布朗（Jennifer Brown）表示，"我们尤其为能与凡·艾伦协会合作而感到骄傲。该协会就位于我们的熨斗区，他们在建筑和设计领域一贯有着开拓创新的声誉。"

"在过去的120年间，凡·艾伦协会组织了数百次设计竞赛，塑造了纽约市的环境，也包括周边更广大的地区，如总督岛（Governors Island）和时代广场上的TKTS售票亭。我们很高兴能将这些经验运用于改善我们自己街区的环境，" 凡·艾伦协会执行理事大卫·凡德利（David van der Leer）表示，"另外，我们也很高兴能和熨斗社区委员会合作，共同把这个街区打造成一个艺术设计枢纽，一个能够发现未知的地方。"

英国预制混凝土铺装协会发布 "可持续排水系统" 文件

英国预制混凝土铺装协会（BPCPKA，又名Interpave）近日发布了一份探讨可持续排水系统（SuDS）和透水路面的文件。这份文件重点关注了建筑师、城市环境设计师和规划师在可持续排水系统的规划中所起到的核心作用。新版本的文件纳入了可持续排水系统国家标准的指导原则以及来自气候变化委员会（CCC）的新建议。这份文件探讨了关于可持续排水系统的最新思考以及当前的实践工作，同时也将混凝土透水铺砖作为可持续排水系统的一项关键技术进行了重新的审视。

近期举行的英国可持续排水系统大会（National SuDS Conference）为可持续排水技术的发展指明了新的方向，比如混凝土透水铺砖。可持续排水系统现在已被视为规划和设计中一个必不可少的部分，而不是后期在法律的要求下追加的工程措施。这就为建筑师、城市规划师和景观设计师更广泛地参与排水系统的设计打开了一扇大门。

可持续排水系统的所有指导原则都一致、明确地指明，雨水径流应该在源头就进行处理，也就是说，在地面上或者接近地面，而这正是透水地面能够发挥长处的地方。这种透水铺装能够持续提供清洁的水源，用于回收利用、灌溉、生物多样性的建设以及景观区内便利设施的用水。

根据英国预制混凝土铺装协会发布的这份文件，可持续排水系统给富于想象力的设计师带来了机遇，而不只是解决了一些技术难题。可持续排水系统能够让建筑师、景观设计师和规划师采取一种整体的设计方法，从项目设计的起始阶段就将排水作为设计的关键因素之一，探索将排水系统纳入整体规划之中的创新的设计思路。这样，排水工程就变成了设计过程的一部分，而不是设计之前先要考虑或者项目结束后再去解决的孤立问题。

翠城新景赢得全球最佳居住奖

凭借对都市和可持续性发展的开创性贡献，新加坡嘉德置地（CapitaLand Singapore）开发的翠城新景（The Interlace）大型住宅项目获得芝加哥世界高层建筑与都市人居协会（CTBUH）的"2014年世界最佳居住奖"。该项目由荷兰大都会建筑事务所（OMA）和德国知名建筑师奥雷·舍人（Ole Scheeren）联合设计。

奥雷·舍人设计的翠城新景创造了一个在都市社区中演绎现代生活，个人居住和共享空间相联交织的空间网络。翠城新景的设计没有延续高密度城市住宅传统那种孤立、垂直的塔楼模式，而是将塔楼的垂直孤立形态转换为水平相通形态，强调了社区概念在当今社会中的核心地位。

翠城新景共有31栋公寓，每栋高6层，横向呈六角形状层叠，围合成8个多样庭院。交叠的楼层形成多个公共户外空间，组成一个层进交织的住宅天台花园。非常规的六角形构建出戏剧性的空间结构，各栋公寓楼或稳重，或飘浮，楼体彼此在顶层相叠，形成一个象征性的"交织"（interlaced）空间，将住宅单元纳入开放、包容的社区生活。

景观设计充分利用了8公顷的基地面积，实现了环境绿化的最大化。叠加公寓楼体的设计形成了更多的平面屋顶花园空间和景观公共露台，使得基地绿化面积高达112%，比基地自身还要大。

"翠城新景在都市内创造了一个体验集体经验的空间，将个体和私密的居住要求与集体感和社区生活融为一体，"建筑师奥雷·舍人表示，"社会交往与热带自然环境和城市居住空间相辅相成，设计为居民提供了高品质的生活环境和更加丰富、自由的选择空间。"

最佳居住奖（Urban Habitat Award）充分认可了翠城新景对都市环境的杰出贡献，包括其整合周围环境的标杆意义，以及从环境、社会和文化层面上对社会可持续发展的影响。

2014年美国景观设计师协会年会与展览即将拉开帷幕

2014年美国景观设计师协会（ASLA）年会与展览活动将于11月21～24日在丹佛市举行。今年大会的主题是"复原"，切合当前景观设计师面临的困境——美国景观设计师协会主席马克·弗特（Mark Focht）在大会邀请函中如是说。"景观设计师要顺应土地和自然，而不是违背。我们的行业以及美国景观设计师协会在过去困难重重的几年中体现出了复原力。就像科罗拉多的杨树林一样，经过森林大火的洗礼，挺过了雪崩的灾难；我们行业的根是彼此相连的，我们正变得比任何时候都要强大。"

本届大会将汇聚景观行业的众多专家，就一系列广泛的话题发表看法，从"可持续设计"到"积极向上的生活"，从优秀的景观实践到新型技术。会议期间将举办130多个培训讲座和实地研究活动，与会者最多能得到"景观设计继续教育体系"（LACES™）认证的21个课时的专业培训。

美国景观设计师协会的展览活动是景观行业规模最大的展销会。今年将有近500个参展方，带来数以千计的新产品、服务、技术和设计方案，汇集在同一屋檐下。

沃尔特·戈尔斯公园设计竞赛结果公布

近日，澳大利亚华令加议会（Warringah Council）市府大楼内举行的一场特别的仪式上宣布了悉尼北部海岸德威海滩（Dee Why）上的沃尔特·戈尔斯公园（Walter Gors Park）设计竞赛的结果。悉尼的景观设计机构科克里咨询公司（Corkery Consulting）在竞赛中拔得头筹。

华令加议会希望为德威海滩上的城市空间改造寻求创新的方案，旨在将其打造为一座充满生机的公园，体现出华令加的活力、创新和多样性，同时也建设一个充满活力的德威中心区。华令加市长迈克尔·里根（Michael Regan）说："建设更大的沃尔特·戈尔斯公园，我喜欢这种想法，也感谢每个参与竞赛的人。从这次竞赛我们能够看到未来的德威中心区将具有无限创意。"

科克里咨询公司的设计方案规划了一个"雨水公园"，能够在雨水流入德威潟湖之前对雨水进行拦截和净化；此外，还有一条散步大道，横跨霍华德大街（Howard Ave），将沃尔特·戈尔斯公园和"三角公园"（Triangle Park）连接起来。"设计体现了革命性的创新和环境可持续的特色，赢得竞赛可谓实至名归，"市长表示。

另外一个值得一提的设计方案来自有着10年历史的杰西卡·邓恩设计公司（Jessica Dunn）。邓恩的设计包括垂直拼接结构（材料采用回收利用的纸板）、一面大型的粉笔板以及为残障儿童设计的游乐设施。她表示："如果有一个残障人士的朋友，你就会意识到，生活对他们来说有多么艰难，他们错失了多少东西。这就是我决定加设'自由秋千'的原因。"

华令加议会很快将组建一支设计团队，上述想法也将纳入考虑。概念设计预计2014年年底结束，施工期目前定在2016年或2017年。

沃尔特·戈尔斯公园位于霍华德大街和德威海滩之间，根据德威中心区的总体规划，将成为德威中心区的重点绿色空间。公园将逐步进行扩建，新设施的建设将逐渐落实。

西九文化区管理局公布公园概念设计

香港西九文化区管理局（WKCDA）近日公布了西九文化区公园的概念设计，由刘荣广伍振民建筑师事务所（香港）有限公司（DLN）带领获多项国际设计奖项的荷兰西8景观事务所（West 8）及香港傲林国际（ACLA）组成的团队精心打造。设计团队自2014年2月接到委托后一直与管理局紧密合作。

公园的愿景是缔造令香港引以为傲的优质绿化户外空间，成为启发、推动和鼓励文化活动的海滨公园。公园将为户外音乐、舞蹈和剧场表演以及艺术展览和其他文化活动提供别具特色的演出场地。公园的设计注重打造林荫环境，呈现出变化多端的地形地貌，营造出轻松休闲的宽阔草坪。而M+博物馆策展的大型户外雕塑及装置亦将融会其中。

公园的概念设计确定了园内多个文化艺术场地的位置，以供不同类型的创意节目演出使用。各场馆由一条文化大道串连起来，与贯穿文化区心脏地带的林荫大道相连。公园内的场地和设施包括小型艺术展馆、自由空间和草坪。

设计团队在公布概念设计时表示："我们希望能与管理局通力合作，为香港创造出崭新的公共空间，令日常生活与文化活动互相紧扣，借以推动文化艺术的发展。有别于香港市区的繁华喧嚣，公园将为市民提供一隅静谧的空间，在市中心开创全新的绿化地带，人人都能乐在其中。"

管理局执行总裁连纳智先生表示："我们与设计团队紧密合作，在短短几个月内取得了重大进展，团队充分利用在香港及世界各地设计大型绿化项目及文化建设的丰富经验。我们一同致力于为香港缔造一个以文化艺术为核心、充满活力、富于启发性的公共空间。"

"迷宫"垂直花园

景观设计：TA 景观事务所
项目地点：越南，岘港市
花园名称：秘密花园
竣工时间：2014 年 4 月
施工方：TA 景观事务所
委托客户：太阳集团
面积：396,858 公顷
摄影：英乌

1. 鸟瞰图
2. 休息区
3. 花园内小路

1. 概述

1.1 项目地点

　　"迷宫"垂直花园（A-Mazing Vertical Garden）项目用地海拔 1437 米，昼夜温差大，一日之内可以体验四季。委托客户太阳集团（Sun Group Corporation）的目标是在此地打造一处具有"天堂美景"的娱乐休闲空间。这里从前是法国殖民区的一家山地度假村，这样的背景让设计师萌生了打造"爱情花园"浪漫景观的设计理念。

建筑结构三维示意图
1. 内部直立式垂直花园（高度：2.5 米）
2. 外部悬挂式垂直花园（高度：4 米）
3. 观景阳台
4. 入口和出口

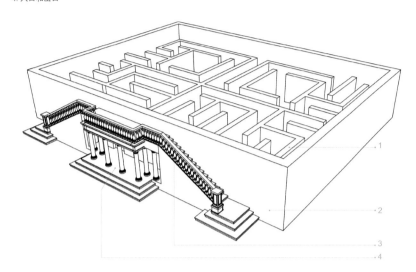

改造前

巴拿山地图

与众不同的绿化策略

普通的植被修剪方法

10 年 / 固定模式 / 呆板的绿化道 / 绿墙

"迷宫"垂直花园的绿化方法

10 天 / 灵活多变 / 浑然天成的景象 / 森林

1.2 委托客户

委托客户希望这座花园能赶在旅游季开始之时开放，所以要求 TA 景观事务所（TA Landscape Architecture）在六个月内完成，包括设计和施工。但是，对于法式景观风格来说，灌木修剪和迷宫格局是必不可少的元素。一般来说，这种有修剪的灌木和迷宫格局的法式花园需要数年才能完成。所以对设计师来说，如何确保工期并兼顾设计品质，确实是一项巨大的挑战。

1.3 用地条件

项目用地位于巴拿山（Ba Na Hills）山地度假村原来的游乐区里。过去这里是用于工人临时休息的场所。在"爱情花园"的总体规划中，这块土地起到重要的作用，不仅划分了空间结构，而且为整个环境营造了绿色的背景。

2. 设计理念

如何能够兼顾工期要求与设计品质？设计师采取的策略是"混合式景观"。项目主持设计师决定采用"垂直＋迷宫"的模式——当代景观设计的一种新潮流。于是便有了我们现在看到的这座名为"秘密花园"的迷宫式垂直花园。让这一设计理念显得与众不同的，是"经典风格"和"现代潮流"二者鲜明的对照；时间很紧，又要达到正常情况下需要花很长时间才能取得的效果；修剪的灌木体现的是人工之美，而热带森林的景观则尽显自然之美；虽然项目用地面积有限，却打造出一座大型的垂直花园。过去需要十年才能完成的景观，现在十天就完成了，效果可能还要更好。

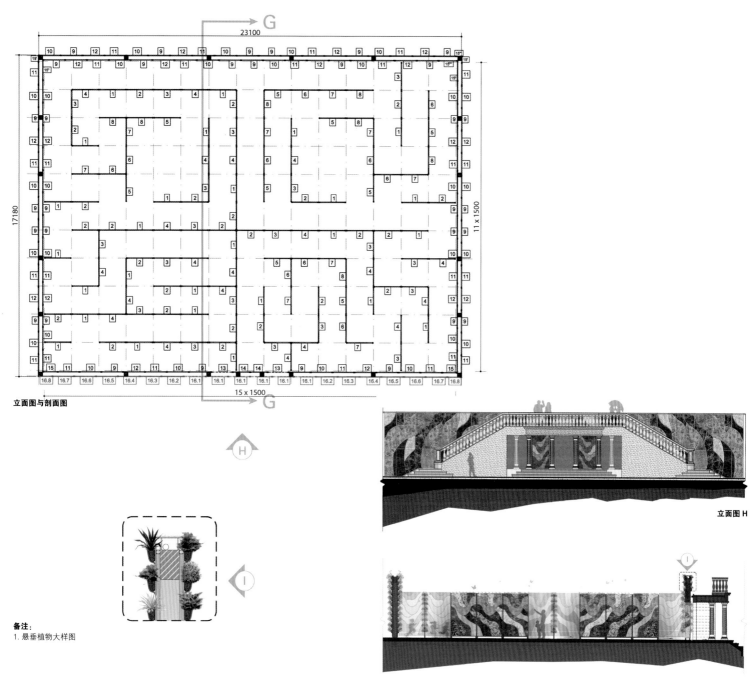

立面图与剖面图

立面图 H

剖面图 G-G

备注：
1. 悬垂植物大样图

3. 用地开发与施工

3.1 可行性——框架结构

迷宫格局由许多标准模块构成，都是在工厂预制的模件，只需现场安装即可。因此，所有材料的尺寸都是按照这些模件来设计的，比如复合铝板和不锈钢等。

3.2 美观性——植被

考虑到巴拿山地区的气候和土壤条件，以及植物的供应情况，设计师选择了25种植被，都是能够经受严酷天气的品种。选择植物的原则是：强壮、经济且能够适应高山上的海拔，同时也要兼顾叶片和色彩的多样性。

此外，植物的选择还要兼顾喜阴和喜阳植物、亲水和非亲水植物。植被的布局要考虑到光照条件，喜阴植物可以种植在大型喜阳植物下面。

另外，保证工期的一个重要因素是采用标准化模块。整个项目共采用四种标准模块，可以随意组合，里面可以种植大量植物。

3.3 持久性——生产

模块结构必须采用 SUS304 型不锈钢制作，以便确保材料能够经受风雨的侵蚀。所有其他材料也是经久耐用的类型，适合山地的气候。外墙有混凝土框架结构，每个模件有混凝土底座，以免暴雨来临时受到损坏。

T 数量：10个	B1 数量：35个	B2 数量：71个	B3 数量：10个	B4 数量：1个	BV 数量：15个
透视图					
立面图-1					
立面图-2					
平面图					

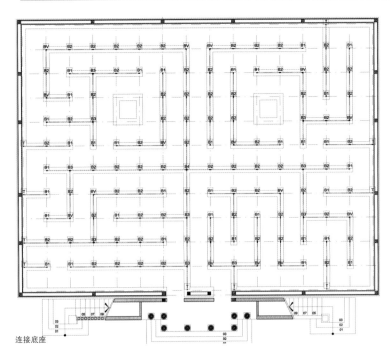

连接底座

3.4 移动性——运输

模块结构的尺寸要方便卡车运输，不仅要考虑到卡车车厢的大小，而且还要确保模块堆叠稳固，中途不会倒塌。最后还要注意，每个模块的重量必须很轻，确保两到三个工人可以搬运并安装。

3.5 灵活性——网格

"秘密花园"采用 1.5 米 ×1.5 米规格的网格结构，网格之间为游客留出步行通道。共有六种标准化的方形网格，形成迷宫的格局。格局可以随意变换，满足各种使用需求。

3.6 可持续性——灌溉

所有的垂直模块都采用自动传感定时系统进行灌溉。地面铺装的设计能够让垂直花园上流下的水流回一个集水池，用于再利用。

4. 项目成果

· 在车间内完成生产与种植（40 名工人；30天工期）
· 现场安装（8 名工人；3 天工期）
· 垂直花园总面积：1,496.53 平方米（世界上最大的垂直花园）
· 植物数量：44,800 株

现场施工共用 10 天，包括地基、围墙、照明、供水以及排水设施的建设。

面积虽小，却绿意盎然；一座迷宫式的垂直花园；世界上最大的垂直花园；森林一般的环境为各种休闲活动提供了完美的场所——这便是"迷宫"垂直花园。

1. 垂直花园外部
2. 花园内小路
3. 垂直花园内部

设计
1. 规划
2. 划分网格
3. 形成"迷宫"
4. 安装

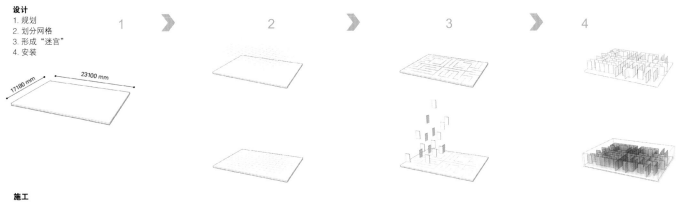

17180 mm   23100 mm

1   2   3   4

施工

准备　　　制作框架　　　在框架上栽种　　　划分网格，铺装地面　　　安装绿色模块　　　供水　　　形成"迷宫"花园

植物名称：白鹤芋　所在位置：9
植物名称：锯齿蔓绿绒　所在位置：19
植物名称：肾蕨　所在位置：6
植物名称：中斑吊兰　所在位置：11
植物名称：翡翠宝石春雪芋　所在位置：16
植物名称：佛州星点木　所在位置：24
植物名称：白贝母　所在位置：12
植物名称：小天使喜林芋（仙羽蔓绿绒）　所在位置：18

植物名称：细叶肾蕨（波斯顿肾蕨）　所在位置：4
植物名称：金边露兜树　所在位置：3
植物名称：大叶黄金葛　所在位置：22
植物名称：金露花"白矮人"　所在位置：10
植物名称：黄脉贝母　所在位置：13
植物名称：裂叶喜林芋（羽叶蔓绿绒）　所在位置：17

植物名称：喜林芋"橙之焰"　所在位置：20
植物名称：射干　所在位置：25
植物名称：鱼尾蕨　所在位置：5
植物名称：沿阶草　所在位置：2
植物名称：蒌叶（春蒟叶）　所在位置：23
植物名称：窗孔龟背芋　所在位置：21

植物名称：越南叶下珠　所在位置：15
植物名称：金丝沿阶草　所在位置：1

植物名称：巴拿马草　所在位置：8
植物名称：雀巢蕨　所在位置：14
植物名称：银脉凤尾蕨　所在位置：7

根据植物特点来选择和搭配植物

需适度灌溉　喜半阴环境

植物名称：肾蕨　所在位置：6
植物名称：细叶肾蕨　所在位置：4
植物名称：鱼尾蕨　所在位置：5
植物名称：中斑吊兰　所在位置：11
植物名称：佛州星点木　所在位置：24
植物名称：银脉凤尾蕨　所在位置：7

需充分灌溉　喜半阴环境

植物名称：白鹤芋　所在位置：9
植物名称：黄脉贝母　所在位置：13
植物名称：翡翠宝石春雪芋　所在位置：16
植物名称：大叶黄金葛　所在位置：22
植物名称：白贝母　所在位置：12
植物名称：蒌叶（春蒟叶）　所在位置：23

需适量灌溉　喜半阴环境　需偶尔喷雾

植物名称：锯齿蔓绿绒　所在位置：19
植物名称：小天使喜林芋（仙羽蔓绿绒）　所在位置：18
植物名称：裂叶喜林芋（羽叶蔓绿绒）　所在位置：17
植物名称：喜林芋"橙之焰"　所在位置：20

需适量灌溉　需充足阳光

植物名称：巴拿马草　所在位置：8
植物名称：越南叶下珠　所在位置：15
植物名称：射干　所在位置：25
植物名称：金露花"白矮人"　所在位置：10

需适量灌溉　喜半阴环境　需充足阳光

植物名称：沿阶草　所在位置：2
植物名称：雀巢蕨　所在位置：14
植物名称：金丝沿阶草　所在位置：1
植物名称：金边露兜树　所在位置：3

需充分灌溉　喜半阴环境　喜阴凉环境

植物名称：窗孔龟背芋　所在位置：21

根据生长所需条件来选择和搭配植物

悬挂式垂直绿化模块布局图

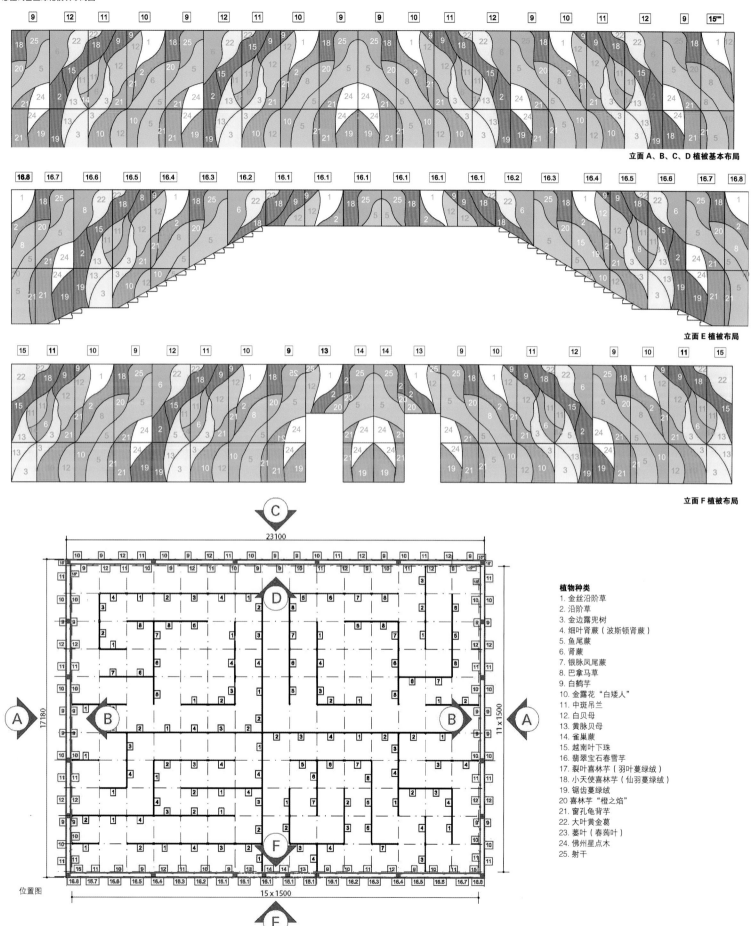

立面 A、B、C、D 植被基本布局

立面 E 植被布局

立面 F 植被布局

位置图

植物种类

1. 金丝沿阶草
2. 沿阶草
3. 金边露兜树
4. 细叶肾蕨（波斯顿肾蕨）
5. 鱼尾蕨
6. 肾蕨
7. 银脉凤尾蕨
8. 巴拿马草
9. 白鹤芋
10. 金露花"白矮人"
11. 中斑吊兰
12. 白贝母
13. 黄脉贝母
14. 雀巢蕨
15. 越南叶下珠
16. 翡翠宝石春雪芋
17. 裂叶喜林芋（羽叶蔓绿绒）
18. 小天使喜林芋（仙羽蔓绿绒）
19. 锯齿蔓绿绒
20. 喜林芋"橙之焰"
21. 窗孔龟背芋
22. 大叶黄金葛
23. 蒌叶（春蒟叶）
24. 佛州星点木
25. 射干

巴黎动物园

景观设计：AJOA 景观事务所

项目地点：法国，巴黎

竣工时间：2014 年 4 月

新建建筑设计：BTuA 建筑事务所（Bernard Tschumi Architects）、VD 建筑事务所（Véronique Descharrières）

老建筑翻新：综合建筑事务所（Synthèse Architecture）

五个鸟舍设计：LOA 建筑事务所（Lionel Orsi Architect）、AJOA 景观事务所

环境布置与标识设计：哈桑尼凯勒公司（El Hassani & Keller）

技术顾问：SETEC 建筑工程公司（SETEC Bâtiments）

工程设计：法国布依格集团（Bouygues）

面积：14 公顷

摄影：马丁·阿吉约罗（Martin Argyroglo）

图纸：AJOA 景观事务所

巴黎动物园（Zoological Park of Paris）始建于 1934 年，借此次全面改造之机，变身为一座现代的国家动物园，融入巴黎城市开发的脉络。景观设计由 AJOA 景观事务所（Atelier Jacqueline Osty & associés）操刀，旨在用现代化的设计手法打造生物多样性环境。法国景观设计的传统向来注重生物多样性，兼顾对自然环境的保护与人造景观的营造。因此，本案最终打造出一座与众不同的 21 世纪动物园。

萨赫勒生物带大视图

1. 用欧洲植物模拟非洲植被的景致
2. 圭亚那生物带里的大型鸟舍
3. 欧洲生物带的空间布局

总体规划图

1. 入口
2. 萨赫勒 – 苏丹草原景观
3. 巴塔哥尼亚景观
4. 欧洲景观
5. 圭亚那景观
6. 马达加斯加景观
7. 空地

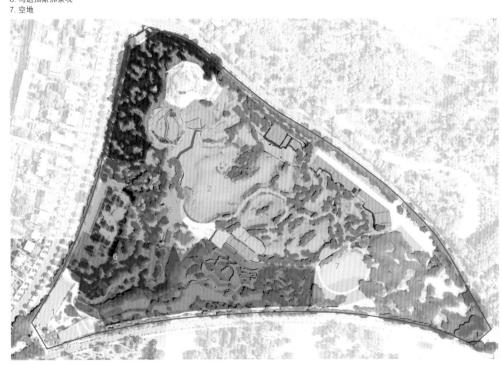

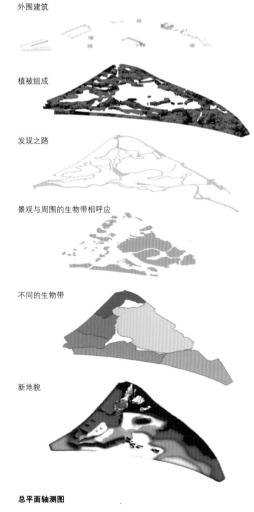

外围建筑

植被组成

发现之路

景观与周围的生物带相呼应

不同的生物带

新地貌

总平面轴测图

巴黎动物园的所在地是城区和林地之间的过渡地带。公园周围的环境有三种类型：城区环境、林地环境和人造景观环境——多梅尼湖（Daumesnil Lake）旁边的公园。巴黎动物园的设计向公园（而不是林地）靠拢，在结构上以及视觉效果上都与多梅尼公园相近。整体的规划目标是将用地中央设计成开放式空间，周围用植物设一层厚厚的"皮肤"，确保空间与旁边湖泊之间的通透性。在毗邻城区和林地的两侧，用岩石和树林营造出空间的私密性与神秘性。在毗邻湖泊的一侧，三片小树林形成一间温室，轻盈而通透，借鉴的是英国传统景观中惯常采用的大型温室。

建筑物和巨石设置在外围，确保动物园中间有足够的空间来容纳动物。此次的改造工程还尤其考虑了当前的生态问题。公园内有若干"生物带"，其中的生物多样性影射出当今的许多重大环境问题，如森林的滥砍滥伐和全球气候变暖等。设计的指导原则是改善园中动物的生活环境，并让游客尽可能沉浸到动物园的环境中来。园中景观元素丰富，步移景异，各个区域之间没有设置绝对的边界。设计师利用地面的高差，营造出空间的层次和深度，尤其突出了园中一块巨石上的风景——这块巨石从1934年建园之初就有，是巴黎动物园的标志性象征物。利用植被和地势，园中景观呈现出一系列的"绿色屏风"，带来丰富的视觉享受。

动物园内设置了一系列"热点区"，针对全球生物多样性问题，尤其是一些濒危的生物栖息地。比如，萨赫勒-苏丹草原（Sahelo-Sudanian Steppe）上是一个脆弱的生态系统，在动物园中很少能呈现出来，它与非洲大草原不同，拥有着面临高度威胁的丰富的生物群落。

每个"生物带"都呈现出独特的景观形态，体现在一系列的植物中，植物的选择都尽量与该生物带的特点相符。植被通过巧妙的设计模仿了世界知名的自然景观以及形成于巴黎气候下的当地景观。园中有五大景观区，分别是欧洲区、马达加斯加岛区（非洲岛国）、巴塔哥尼亚区（南美地区）、萨赫勒-苏丹区和圭亚那区（拉丁美洲国家），一条步道贯穿其中，连接着这五大区的空间与景观。

巴黎动物园用丰富多样的植物营造了和谐的绿色景观环境。这一环境囊括了大部分原有的花池和特色树木，烘托着每个"生物带"，营造出令人沉醉其中的景观氛围，与附近的万森纳绿地公园（Bois de Vincennes，巴黎著名的森林公园）的自然景观融为和谐的一体。

1. 巴塔哥尼亚生物带
2. 岩石营造出巴塔哥尼亚景观的风格
3. 企鹅和海狮栖息的水池
4. 巴塔哥尼亚景观
5. 非洲三角洲
6. 温室里的圭亚那滨水植物
7. 马达加斯加狐猴在树木间跳跃

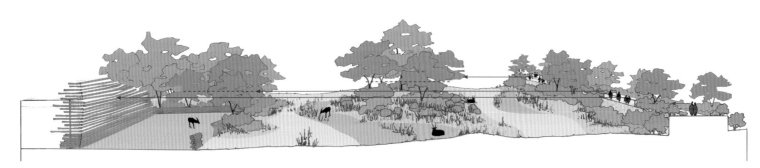

萨赫勒视点轴测图

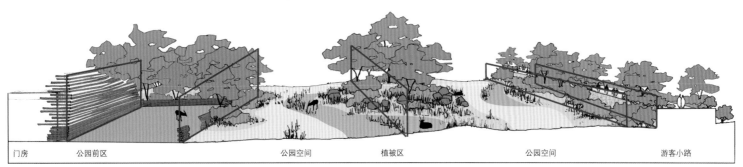

| 门房 | 公园前区 | | 公园空间 | 植被区 | 公园空间 | 游客小路 |

开放式环境的空间划分

截视立面图

堪培拉国家植物园

景观设计：TCL 景观事务所
项目地点：澳大利亚，堪培拉
竣工时间：2013 年
建筑设计：TZG 建筑事务所
面积：250 公顷
摄影：约翰·高林斯（John Gollings）、本·瑞格利（Ben Wrigley）、
　　　布雷特·博德曼（Brett Boardman）、杰玛·芬纽尔

1. 台地景观——大地的雕刻艺术——从入口一直绵延到植物园内。地势低矮处设计了灌溉系统，将水流引入水坝，再重新用于植物园内的灌溉。
2. "发现花园"
3. 中央峡谷处的空地与周围环绕的森林形成对照。峡谷和台地上生长着茂盛的植被。
4. 每片森林的设计都围绕一个植被物种的主题，满足该植物的生长需求并营造独特的文化氛围。

5. 从中央峡谷远眺上方的游客中心。游客中心由 TZG 建筑事务所设计。

6. 植物园内基础设施完备，为园艺的开发奠定了基础。巨朱蕉种植在木板结构内，冬季数月需进行遮盖，使其免受堪培拉严酷霜冻的伤害。

7. 所有的 100 片森林各有不同的空间布局，根据特定植被的园艺需求和文化主题进行了专门的设计。

2003 年，堪培拉发生了严重的丛林火灾。之后，为重建堪培拉的澳大利亚国家植物园（National Arboretum Canberra）专门举办了一场国际设计竞赛。本案是最终中标的方案。

设计方案由澳大利亚的两家设计公司——TCL 景观事务所（Taylor Cullity Lethlean）和 TZG 建筑事务所（Tonkin Zulaikha Greer Architects）——共同完成。景观设计的理念围绕"森林 100"的主题展开——100 片森林，囊括了世界上最濒危的 100 个树种。

"森林100"重新定义了21世纪公共花园的含义。这一理念针对可持续性、生物多样性和公共环境保护等多方面切实存在的问题，提供了一种战略性发展规划，而不仅仅是基于环境美观原则的景观设计。

"森林100"不仅带来独特的景观空间体验——每片森林由一个濒危树种构成，徜徉其中时能带来特有的愉悦；而且更重要的是，它还是未来的种子库。每片森林都孕育着一个濒危树种的种子。

"森林100"位于澳大利亚首都堪培拉的格里芬湖（Lake Burley Griffin）岸边，用地面积为250公顷，地势高低起伏，拥有眺望城市全景的绝佳视野。用地上还有两个独立的种植槽，里面按照城市规划师沃尔特·格里芬（Walter Burley Griffin）和马里恩·格里芬（Marion Mahony Griffin）的规划，种植着充满异国风情的树木。这一切成为本案设计的背景环境和催化剂。

100片森林——每片森林有2～3公顷——根据用地自然起伏的地势呈网格状分布，同时贴合格里芬在规划中设立的城市中轴线。这是一幅由森林组成的宏伟拼贴画，每片森林有着不同的色彩、形状和质地，营造出绚丽的城市背景环境，为城市的发展注入活力。

国家植物园以现代的方式重新诠释了植物园的概念，将世界范围内濒危和重要的树种汇集在一起，形成一个确保未来生物多样性的植物宝库。每片森林由一个树种的300～2000棵树木构成，这在植物学的角度上具有重要意义，能够让人切身体验某一树种的形态、色彩和光照情况，还有枯叶发出的声响、树皮的质地以及微风吹过树冠的声音。

本案通过汇集世界范围内的珍稀树种，通过植物学上的价值将世界各地有志于保护地球生物多样性的组织和机构联系起来，如英格兰的英国皇家植物园（Kew Gardens）的千禧种子库（Millennium Seed Bank）和堪培拉本地的澳大利亚国立大学（Australian National University）。

"森林100"也是重要的公共空间和社区环境，不仅用世界上最美丽的树木营造出美妙的景观环境，对公众具有教育意义，而且营造出一个适合举行各种活动的公共空间，有花园、游乐空间、咖啡馆、阶梯广场和步道。美好的空间体验让游客更好地融入这个环境，塑造了环境的"灵魂"，并且这种"灵魂"会随着时间流逝，随着植物园和堪培拉的发展而演化。

国家植物园的空间设计理念可以通过从外围空间进入到内核空间的过程来循序体验，这也是设计师精心营造的一种空间体验。来到入口处时，游客立刻会沉浸到入口森林的体验中。入口道路从这片森林中蜿蜒而过，直达中央的峡谷（占地12公顷，与周围的台地高差达50米），最后通向游客中心——有着冠状屋顶的一栋建筑。沉浸式的空间体验仍在继续，经过一段不长的步道，游客来到山顶，这里有一道岩壁的沟壑，指引人们走向游客中心以及植物园的中央。游客中心有着开放式拱形天花和木梁结构，从这里可以眺望中央峡谷的美景，甚至望得更远，越过湖泊远眺堪培拉。

游客中心不仅能引导游客更好地体验"森林 100"的美妙景致，而且跟毗邻的"豆荚"游乐设施相融合。"豆荚"游乐场极具创意，能够吸引孩子们来这里体验森林之美，为这里优美的环境增添了永久性的游乐设施。

种子代表了森林生命的开始。来到国家植物园的孩子们和家长仿佛进入一个比例夸张的奇幻世界，巨型橡树种子在空中飘浮，森林的地面上有巨大的圆锥状山龙眼。

设计师认为，游乐是一种重要的社会发展和教育工具，对任何年龄的儿童来说都是如此，可以用来建立人与景观、气候以及周围环境的关系。国家植物园的游乐场是一个巨型种子的世界，其设计旨在激发孩子们的创造力、想象力、勇气和信心。

"森林 100"是一个"活的"项目，不断演化，没有所谓的竣工时间；这里的空间体验及其传达出来的信息也将不断演化、发展，它营造出的超凡环境将与这里的人、城市和国家共同发展变化。

国家植物园平面图
100 片森林汇集了 100 种珍稀的濒危树种，以直角正交的格局分布在蜿蜒起伏的地势上。

1. "豆荚"游乐场里有幼儿活动区（设置了圆锥形的"山龙眼"）、秋千区、大龄儿童游乐区（设置了"橡树种子"）以及"橡树种子"左边的游乐网。"橡树种子"区有各种定制的游乐设施和舷窗。
2. "缆绳隧道"将四个"橡树种子"连接在一起，形成一个攀爬设施，让孩子们可以尽情探索。"缆绳隧道"是封闭式的，距离地面 2.5 米甚至更高也能确保安全。
3. 植物园内原有的一片栓皮栎，正是这片树林让设计师萌生了"森林 100"的设计理念。
4. 游客设施（比如这里的野餐设施）设在森林空地上，带给游客发现的惊喜。

罗莱半岛公园

景观设计：AJOA景观事务所

项目地点：法国，滨海塞纳省，小克维伊市和鲁昂市

1

项目名称：
罗莱半岛公园
竣工时间：
2013年6月
设计团队：
雅克琳娜·奥斯蒂（Jacqueline Osty）、
鲁瓦克·伯楠（Loic Bonnin）、
加布里埃尔·毛尚（Gabriel Mauchamp）、
法妮·吉尔梅（Fanny Guilmet）
委托客户：
鲁昂社区
面积：
12.5公顷（未来生态区31公顷）
摄影：
AJOA景观事务所
奖项：
2014年上诺曼底区建筑与城市规划大奖
——项目开发奖

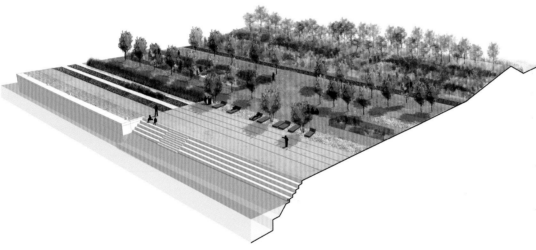

轴测图——码头视角

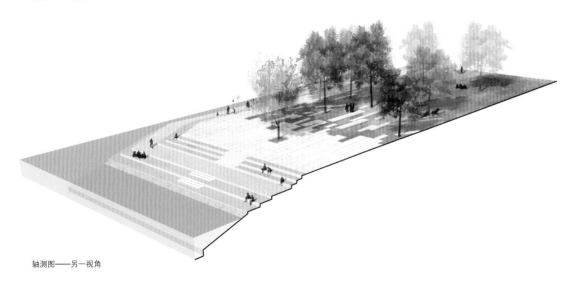

轴测图——另一视角

罗莱半岛公园（Presqu'île Rollet Park）以鲁昂社区（Rouen）为中心，拥有巨大的景观开发潜能：

·毗邻塞纳河，罗莱半岛公园是滨水区的中心地带，周围有树木繁茂的小山

·罗莱半岛公园融入了港口的环境氛围，宏伟的粮仓以及福楼拜桥（Flaubert Bridge）与水平面上的码头和铁路形成对照

近年来，港口地区发生了巨大的变化，但是这种变化不应该抹去港口独有的特色。法国AJOA景观事务所（Atelier Jacqueline Osty & associés）设计的罗莱半岛公园保留了铁路的部分功能和形式，让这一城区成为一个与众不同的街区。

本案的设计将既存元素加以利用，打造了全新的都市一景。这个工业港口还在运营中，此外，设计还要兼顾用地上重要的基础设施，这两方面的因素共同赋予鲁昂市内的塞纳河左岸以独特的形象。在这些因素的影响下，这一地区呈现出全新的样貌。

用地上有各种城市基础设施，体量大小不一，繁忙的活动在旁边的港口上进行，这些都为该地区未来的发展带来机遇。

1. 塞纳河沿岸
2. 岸边的绿化道
3. 鸟瞰图

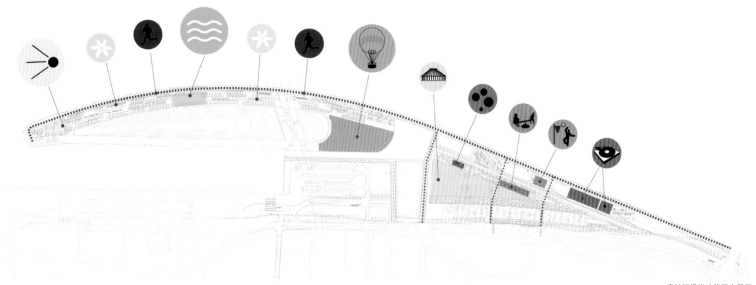

塞纳河沿岸功能区布局图

设计策略

· 采用连绵的步道，凸显塞纳河的美景

· 保持并开发港口的工业文化，包括106、107号飞机库、钟楼、铁路线路等，都进行翻修

· 利用原有的地形地貌和工业建筑的背景，打造公园内的特色景观

　　福楼拜生态区的所在地原来是一个港口，从前是工业用地，现在已经成为一块荒地。罗莱半岛公园的规划为该地的发展带来难得的机遇，构建了水系与绿地相结合的结构框架，不仅与塞纳河的景观融为一体，而且影响到更广大的区域，起到修复城市自然环境的作用。这类项目的开发必定要考虑对环境造成的影响，尤其是用地上污染土壤的治理。本案涉及的不仅是保护生物多样性的问题，而是如何去创造生物多样性。

　　鲁昂市内塞纳河沿岸的开发是当地的首个区域转型开发项目，预示着整个地区未来的变化。未来约1万名居民将居住在这块从前的工业用地上，这里将建起办公楼、民房、商店等各种生活设施。

2

3

1. 草坪上设置躺椅供休息
2. 花草繁茂
3. 游乐区
4. 公园里的篱笆
5. 公园休息区

罗莱半岛公园位于鲁昂码头开发区的西端。这是一座带状公园，全长约2000米，融合了用地上的生态景观和未来随着地区日益繁荣将需要的多种功能。

本案的设计用一种现代的手法重新规划了原来的工业码头，保留了原有的部分粗糙的材料，如混凝土和铺路石片。原有的铁路线路嵌入土壤内或者草坪下，保留了铁路的遗迹。

码头上是举办各种常规活动或临时活动的理想场所。码头上是广阔的开放式空间，非常适合举办大型的节日庆典。未来这里还将兴建一间音乐厅和一家创业服务中心，目的只有一个，跟罗莱半岛公园一样，那就是为了塞纳河沿岸的振兴。

本案注重对河岸自然景观的修复，种植了10万株植物幼苗，构成了一片繁茂的生态景观，有助于治理污染的土壤并控制雨水。罗莱半岛公园将成为野生生物的天堂，并由此回归半岛的原始状态，更好地融入塞纳河的自然景观，融入滨水码头的氛围。这块土地从前是个煤场，未来将成为一个"生态实验室"，还有可能成为环境研究的试验田。除了公园的功能之外，本案还拉近了城市与河流的距离，促进了区域发展的转型。

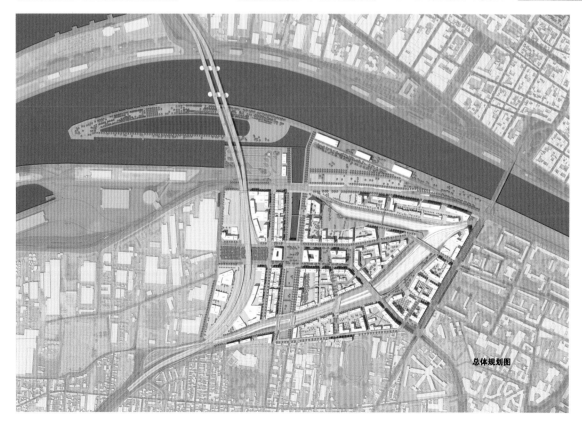

总体规划图

波特鲁公园

景观设计：查尔斯·詹克思、安德里亚斯·基帕尔、米兰蓝德景观事务所
项目地点：意大利，米兰

1. 从山坡上眺望
2. 俯视水池
3. 水池边白绿相间的带状空间

由查尔斯·詹克思（Charles Jencks）、安德里亚斯·基帕尔（Andreas Kipar）和米兰蓝德景观事务所（LAND Milano srl）设计的波特鲁公园（Portello Park）以"绿色光线"为设计理念。安德里亚斯·基帕尔对这一理念的设定旨在通过"软景观"的设计为米兰这座后工业城市打造21世纪的新面貌。设计师仔细研究了这座城市及其历史与地理条件，尤其是波特鲁地区，这里的工业传统环境亟需绿化。事实上，"绿色光线"的设计方案考虑到了米兰的未来转型，正如贸易展销会提出的"树木之都"与"时尚之城"转型，象征着以威尼斯门（Porta Venezia）的新古典主义花园为代表的城市历史内核的终结和以战后地标式景点斯特拉山（Monte Stella）——象征着重建米兰、改良现代建筑的美好愿景——为代表的现代新内核的开启。

波特鲁项目从2000年开始规划，占地240,000平方米。该地曾经是阿尔法·罗密欧（Alfa Romeo）和蓝旗亚（Lancia）的工厂，都是意大利本土的汽车品牌。为了改造这块工业用地，项目用地上清理了250,000立方米的土壤。这一地区代表了米兰北部的门户，连接着高速公路，融入了意大利设计大师蒂诺·法利（Gino Valle）的规划蓝图，将成为贸易展销会和集市广场之间新的衔接。波特鲁公园也是米兰整体城市绿化网的一部分，连接着市中心和城市腹地，横穿高速公路。这就是为什么这座公园的规划要兼顾城市脉络，同时还要兼顾城市的绿化结构和基础设施。用地分为三大块，都与市区相连，同时为不同的使用功能提供了空间，如游乐场、湖泊等。

波特鲁公园以时间为连接轴线，在视觉上以几何形态（圆形、弧形和新月形）为手段呈现出统一的设计语言。时间的主题和统一的形态进一步深化了设计理念——让公众在园中感受时间。每个人都能感受到，时间既是向前发展的（直线的），也是周而复始的（圆形的）。时间的周而复始就像心脏的跳动，时间的向前发展就像万物的演进。把圆形和直线这两种类型放在一起，就构成了这座公园的整体理念——"时间螺旋"。这种组合可以在飓风、DNA结构、星系等涡流形态的事物中看到。这就是为什么设计师要在螺旋的顶部设置一座DNA雕塑。

项目名称：
波特鲁公园
竣工时间：
2013年
面积：
7公顷
摄影：
米兰蓝德景观事务所
伊拉里亚·孔索拉罗（Ilaria Consolaro）

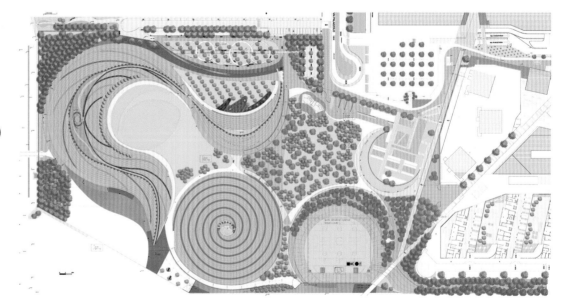

1. 水池顶视图　　　　　景观总体规划图

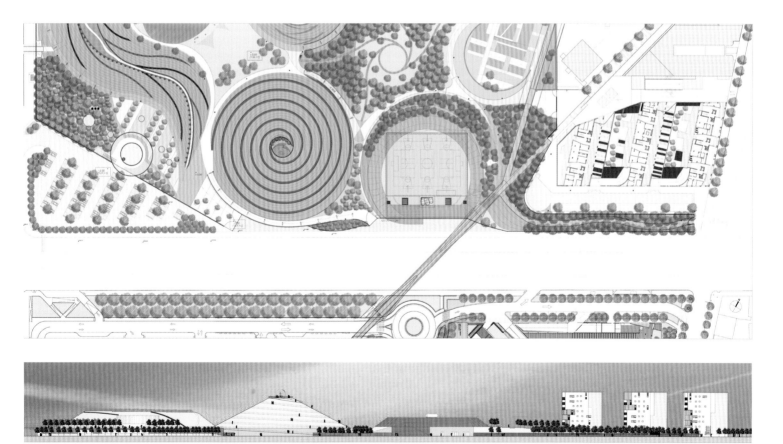

平面图 + 周围环境立面图

1. 水似明镜

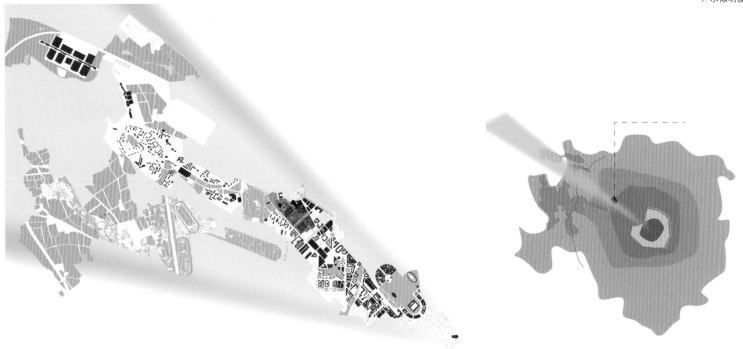

"绿色光线" 7 号与波特鲁公园

米兰 "绿色光线" 7 号规划

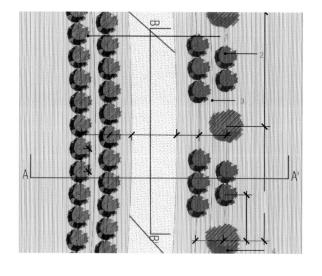

科利纳大草原上的小径
1. 红叶石楠"红罗宾"
2. 月桂树
3. 栅栏
4. 金钟柏

剖面图 A–A
1. 南天竹
2. 紫叶小檗
3. 红叶石楠"红罗宾"
4. 绿色混凝土
5. 月桂树 / 金钟柏（每3米一株）
6. 栅栏

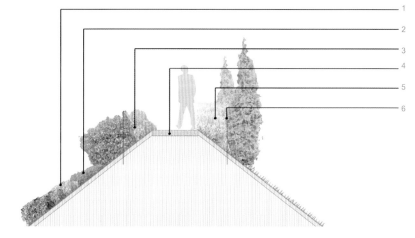

池边道路

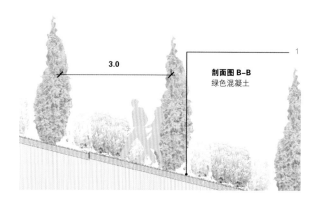

3.0

剖面图 B–B
绿色混凝土

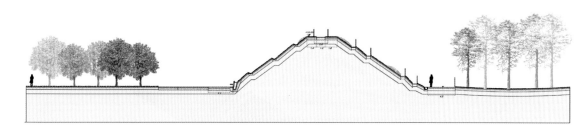

山体剖面图

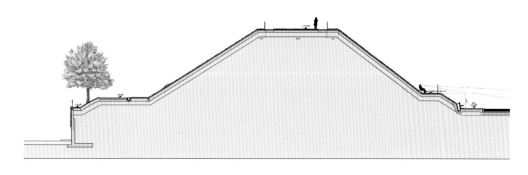

山体剖面图

总体上，波特鲁公园以其三大块的地貌代表了米兰的历史——史前、历史与现在，而北侧医院旁边的小型花园景观区则紧扣时间的主题。由此，微观的个体时间感与宏观的历史节奏形成对照，后者体现在铺装和植被上。游客从西侧进入公园，经过很短的一条步行道，两边都种植着茂盛的植被。入口、小路和植被界定出花园的布局。

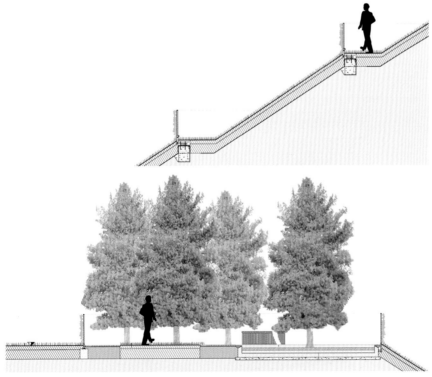

山体剖面图

1. 步道春景
2. 园中小路
3. 步道
4. 波特鲁公园夜景

在这些小花园中，圆形和直线的时间轨迹都能找到：

· 四个圆圈代表了世界的四个阶段（史前、历史、现在和未来）和一年四季（春夏秋冬）。每个季节内的三个月份的名称都用激光雕刻的方式写在铝板上。圆圈之间是种植着草皮的山丘，可以进行日光浴。起伏的地势就像时间流逝的节奏。与之相反的是坚硬灌木修剪成的四个带状景观，灌木每年开花四次，带来色彩与芬芳。日本十大功劳冬季开黄花；杜鹃春季开出靓丽的花朵；墨西哥橘夏季开白花；秋季则有海州常山，又名臭梧桐。所以，每个季节都有突出的色彩和芳香。不过，生活总是由偶然事件带来惊喜。因此，时间花园内各处设置了座椅，点缀在树木和芳草之间

· 黑白两色的地砖象征着黑夜和白天。"时间花园"内共有365级台阶，代表着一年

· "时间花园"也象征了宇宙在137亿年的历史长河中的发展（用金属板来代表）

· 每种时间的节奏都有其独特的造型，一种非常个性化的形态，有心跳（采用米兰当地最常见的建筑材料制成）、脚步以及日夜的交替

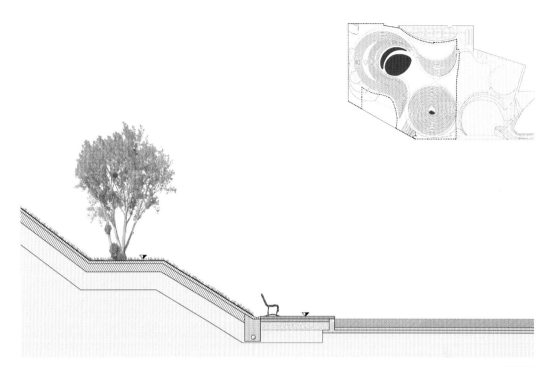

池边道路

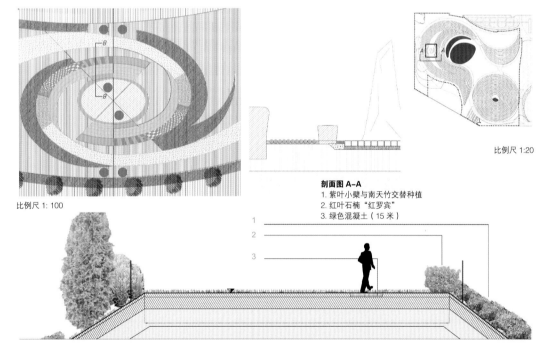

比例尺 1: 100

比例尺 1:20

剖面图 A–A
1. 紫叶小檗与南天竹交替种植
2. 红叶石楠"红罗宾"
3. 绿色混凝土（15 米）

"时间螺旋"

4

巴特西发电厂
临时公园

景观设计：LDA设计公司
项目地点：英国，伦敦

巴特西发电厂临时公园（Battersea Powerstation Pop-Up Park）是巴特西发电厂历史上首个面向公众开放的绿色空间，该公园的设计与建造使这块废弃的棕地重新焕发生机。

2013年5月18日，巴特西发电厂展示馆与临时公园作为切尔西园艺节（Chelsea Fringe Festival，伦敦的一场园艺盛会）的一部分，正式向公众开放。这座公园占地1.9公顷，里面有一栋三层高的展示馆，展示了由伊恩·辛普森建筑事务所（Ian Simpson Architects）设计的一期工程的建筑。景观设计由英国LDA设计公司（LDA Design）负责。这座公园内包含了多种景观形态，有林地步道、80米长的带状"雨水花园"以及各种多年生植物，呈现出环境四季的变换。这是巴特西发电厂历史上首个公共空间，一期工程的建设让公众对这一项目今后的开发更加充满期待。

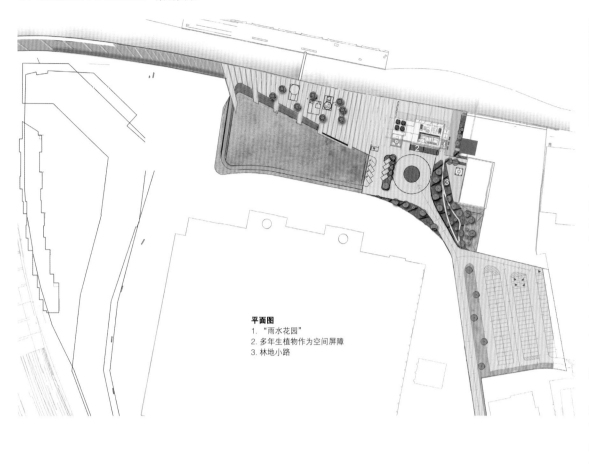

平面图
1. "雨水花园"
2. 多年生植物作为空间屏障
3. 林地小路

项目名称:
巴特西发电厂临时公园
竣工时间:
2013年
面积:
1.9公顷
摄影:
坎农·艾弗斯 (Cannon Ivers)

巴特西发电厂临时公园的设计理念非常简单,就是要凸显发电厂建筑强烈的线条感和装饰派艺术风格 (Art Deco)。公园内有一片宽阔的草坪,可以举办各种活动,从这里可以眺望发电厂建筑的北侧以及沿河停放的历史悠久的起重机。带状铺装呼应了发电厂大楼立面上的开窗方式,呈现出一致的景观处理,让公园显得和谐统一。西侧入口处的带状铺装以西侧烟囱为中心,呈现出放射状,逐渐过渡到与发电厂垂直,让树木、植被和发电厂大楼融为一个整体。带状铺装起到划分空间结构的作用,并且能够指引视线穿过独立式木质种植槽,种植槽同时也是座椅,人们可以坐在树下享受阴凉。

1. 发电厂原有建筑
2. 临时公园里的植被
3–5. "雨水花园"里花草繁茂
6–8. 林地步道

"雨水花园"

"雨水花园"能够收集周围硬质景观路面上所有的地表径流，作为一种天然的可持续排水方式，取代了常规的工程排水设施。植被凸显了环境一年四季的变化，即便在冬季也能为公园带来色彩。

林地步道

这条步道设置在林地中，周围是种类繁多的青翠、茂盛的植物，包括树木和林下植被。树木为狭窄的步道带来阴凉，使人几乎忘却自己正身处巴特西发电厂中。

植被

公园里茂盛的植被带来丰富的色彩——如果没有这座临时性公园，这片土地可能将是一片荒地。植被的特点、色彩和风格共同塑造了公园优美的环境，美化了这块工业用地，作为背景烘托了发电厂的建筑。

公园内大量种植观赏性植物，美化了环境，植被结构会随着季节发生变化。公园内有多种景观形态。第一种是林地步道，由多条蜿蜒的小路组成，分布在林下植被和半成熟的树木中间。林地步道是设计师新增加的景观元素，优美的风景让人们忘记他们正身处世界上最大的开发项目之一。走过林地步道后，就来到发电厂展示馆，周围是一片绿色植被，都是多年生草本植物和观赏性植物。

公园内的一大特色园艺景观元素是80米长的带状"雨水花园"，位于草坪的北侧。这是一个天然的可持续排水系统，能够收集周围坚硬地面上的所有地表水，所以用地上无需再设置排水设施。植物品种都是精心选择的，能够适应干旱期和暴雨期（暴雨时可能有积水）。

巴特西发电厂临时公园充分展示了临时性景观的作用。尽管使用寿命不长，但是对于体验过这里的环境和丰富植被的人们来说，这座公园仍将在他们的记忆中留下难忘的回忆，进而让他们期待这一开发区未来的形象。世界上再没有什么地方能够像巴特西发电厂这样将园艺景观与发电厂建筑完美结合，植被的绿意和生机让建筑的线条更加柔和。

1. 植被烘托了发电厂的建筑
2. 发电厂原有建筑有着高耸的烟囱
3. 植物和吊车相映成趣
4~6. 临时公园里的植被

"绿色屏障"植被设计

屏障前部：植被最高高度：600毫米；呈现出四季的变化（有种子穗和球茎）。

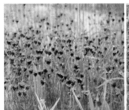 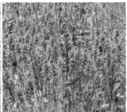    

石竹：高450毫米；花期为7月~9月

水苏：高450毫米；花期为6月~9月；种子穗具有观赏性

绣球葱：高600毫米；花期为6月

郁金香：高600毫米；花期为5月

针茅：高600毫米；花期为7月~9月

树篱：高600毫米；常绿

屏障中央：植被最高高度：600毫米；有些芳香植物可高达1.2米。

天蓝草：高450毫米；花期为7月~8月；半常绿
鼠尾草：高500毫米；花期为5月~9月

糙苏：高1.2米；花期为5月~8月；有种子穗

普罗草：高600毫米；花期为8月~9月

刺芹：高1.5米；花期为7月~9月；种子穗具有观赏性

鹿舌草：高600毫米；花期为7月~9月；种子穗具有观赏性

石蒜：高400毫米；花期为9月~10月

屏障后部：主要种植观赏性禾本植物，作为"绿色屏障"的背景。主景植物可高达1.5米。

早熟禾：高700~900毫米；半常绿

拂子茅：高1.2米；直立状

俄罗斯糙苏：高900毫米；花期为5月~9月；种植的主要目的是为整个冬季带来观赏性的种子穗

狼尾草：高1.8米；花期为7月；种植的主要目的是为整个冬季带来观赏性的种子穗

黄雏菊：高1.8米；花期为6月末；种植的主要目的是为整个冬季带来观赏性的种子穗

马鞭草：高2米；花期为6月~9月；冬季呈现出较好的植被结构

英国媒体城

景观设计：吉里斯派斯景观事务所
项目地点：英国，索尔福德

英国吉里斯派斯景观事务所（Gillespies）受邀为索尔福德的英国媒体城（MediaCityUK）打造景观环境与公共空间，包括新的户外空间、一个大型广场、若干绿地、街道以及位于从前的工业码头边的滨水平台。

英国媒体城是全球首屈一指的数字媒体中心，是英国最大的工程项目之一，它的建设让毗邻曼彻斯特的索尔福德码头上从前的工业区重焕生机。

吉里斯派斯景观事务所面对用地条件带来的诸多挑战，展现了充分的信心与创意，目标是满足并超越开发商提出的要求。

英国媒体城让从前的一片废弃的棕地焕发了生机，将其改造为一个令人耳目一新的环境，有着多样化的公共空间。项目用地中央是一个全新的公园，周围有一系列迷你公园，此外还有滨水散步大道和一个大型广场。吉里斯派斯景观事务所与资深生态学家合作，确保了用地上采用最适合该地的丰富多样的植被。

项目名称：
英国媒体城
竣工时间：
2011年（一期工程）
建筑设计：
威尔金森·艾尔建筑事务所
（Wilkinson Eyre）、
查普门泰勒建筑事务所
（Chapman Taylor）、
费尔赫斯特设计集团
（Fairhurst Design Group）、
谢泼德·罗布森建筑事务所
（Sheppard Robson）
总体规划：
贝诺建筑事务所（Benoy Architects）
主要承包商：
宝维士联盛公司（Bovis Lend Lease）
结构与土木工程：
英国雅各布斯工程公司（Jacobs UK）
机电工程：
AECOM全球咨询集团
工料测算：
格利资工程咨询有限公司（Gleeds）
景观承包商：
英格兰景观公司（English Landscapes）
照明顾问：
皮尼格照明公司（Pinniger & Partners）
委托客户：
英国沛尔集团（The Peel Group）
面积：
8.58公顷（一期工程公共空间）
公共空间施工预算：
约150万英镑
摄影：
吉里斯派斯景观事务所
达伦·哈特利（Darren Hartley）

棕地改造

索尔福德码头位于曼彻斯特运河东端，这里从前是曼彻斯特船埠。造船厂关闭后，这里成为英国首批最大的城市改造项目之一。如今，这里已经成为当地"码头区"的一部分。

吉里斯派斯景观事务所为英国媒体城的公共空间和公园提出的设计理念非常现代，展现了设计师十足的自信。设计灵感来自本案滨水的位置以及该地区的工业历史。

设计方案没有忘记这一地区的工业历史，并将其反映在整个工程材料的选择中，包括钢材、天然石材和木材等，呼应了码头的工业特色。

现代的公共空间设计

新景观的中央是一个多功能广场，呈放射状的几何形态，地面采用天然石材铺装，在滨水地区和相邻建筑之间建立了一种动态连接。宽敞的空间可为各种媒体活动和大型集会提供场所。夜晚，射向夜空的350盏电脑控制的LED探照灯更增添了广场的魅力。

从工业码头到滨水空间

从前壮观的船运码头已经不在，取而代之的是宏伟的阶梯亲水平台。平台毗邻一个新设的电车站，具有多种功能：这里既能欣赏优美的水景，又是休闲活动的空间，也是水上出租车的停靠区。

可持续性设计

通过采用典型的可持续设计原则，英国媒体城成为世界上首个通过英国建筑研究院环境评估体系（BREEAM）认证的"可持续发展社区"。

设计师初步确定了当地大约69个树木品种。为了确保这项工程获得BREEAM优秀认证，设计必须保护当地的植物群。设计师主要选择了当地的乔木、灌木、草本植物、鳞茎植物、禾本植物和野花，增加了用地上本地植被的种类。用地上栽种了215株落叶和常绿乔木，包括多茎和单茎品种，吸引了大量昆虫和鸟类在此栖居。

1、2. 公园休息区
3. 公共空间采用天然石材铺装
4. 建筑室内

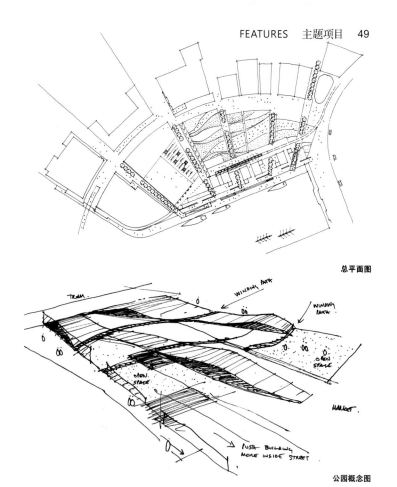

总平面图

公园概念图

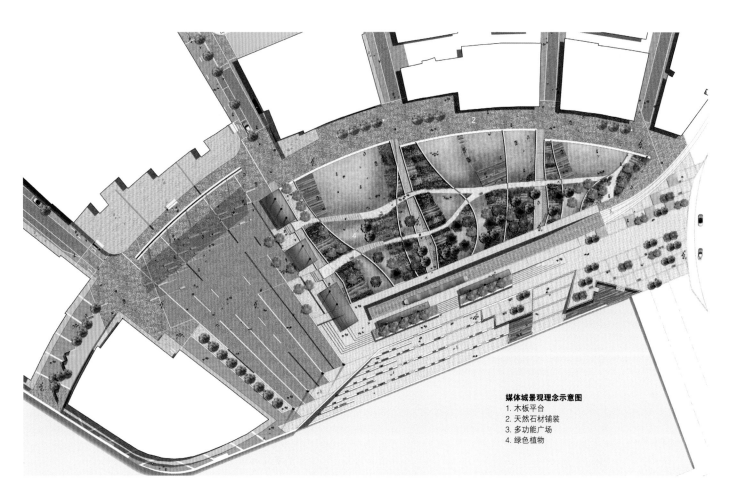

媒体城景观理念示意图
1. 木板平台
2. 天然石材铺装
3. 多功能广场
4. 绿色植物

1~3. 公园内花草繁茂
4、5. 行人在公共空间内休息
6. 通向建筑的小路

本案选用的都是经久耐用的材料，并且十分注重细节和工艺，以便确保可持续性设计原则的实现，让项目能够经受住时间的考验。吉里斯派斯景观事务所的设计团队选择了A级的"硬景观"材料（主要是天然石材），采用永恒经典的现代风格，多年后也不会显得过时。

交通枢纽

英国媒体城中央是一个新的电车站，带来方便快捷的公共交通，有利于减少汽车的利用，同时将这一开发区与索尔福德社区以及周围更广大的范围联系起来。用地上还设置了公共汽车道，打造了一个真正的综合公共交通枢纽。吉里斯派斯景观事务所也设计了这个新电车站的公共空间。

"硬景观"材料

石材等"硬景观材料"包括：
· 多种灰白色花岗岩相结合（银白色和深灰色）
· 约克石（Yorkstone）
· "夕阳金"色花岗岩地面铺装
· 绿色和中灰色花岗岩
· 将原来码头上的石材回收利用，用作座椅（此花岗岩源自多赛特）
· 将系船柱回收利用，用作雕塑

植被

用地上栽种了215株落叶和常绿乔木。考虑到用地的规模，栽种的许多树木都处于半成熟期，这些树木不仅有助于环境的美观和生物多样性的形成，还能营造良好的"微气候"。树木栽种的位置都是设计师精心选择的，以便抵御会对用地上的部分空间造成影响的强风。

奥运村枢纽公园

景观设计：PWL景观事务所
项目地点：加拿大，温哥华，东南福溪奥运村

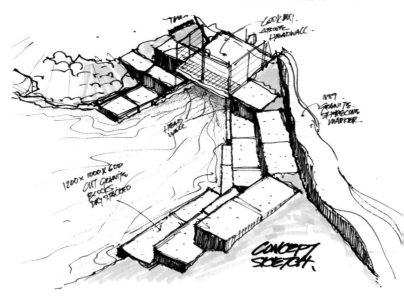

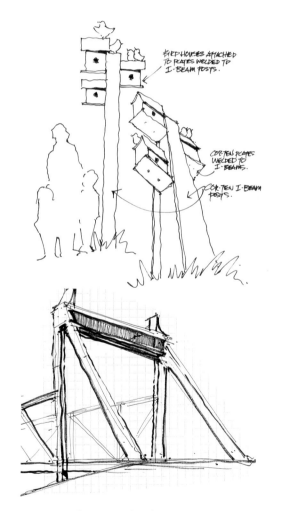

枢纽公园（Hinge Park）位于温哥华东南福溪（Southeast False Creek）的奥运村东侧。PWL景观事务所（PWL Partnership Landscape Architects）为这座公园所做的设计旨在为儿童提供游乐场所，此外，也为附近新建的社区营造良好的自然环境。枢纽公园还将成为这里北部和东部未来新建小学的户外操场。公园的设计目标有很多，包括为新居民创造游乐休闲空间；在拥挤的市区环境中打造生态环境；反映可持续街区的理念；清洁附近街道受污染的雨水，等等。

滨水区从前是一片棕地，长期以来作为工业用地，有铁路、木材厂、机械厂、金属厂和石材厂等。现在，这片土地进行了重新规划，由开放式空间和步道组成，并与周围的街区进行衔接，让步行者、骑自行车的人和交通运输能够和谐并行。

由于这座公园位于一个历史悠久的街区，所以设计上要融入当地的环境，比如人行道的设计、对雨水管道的建设与维修以及对建筑废料的处理等。湿地的垂直立面采用填石铁笼筑成，里面填充的是用地上产生的废弃混凝土块和石块。湿地边的台阶采用城市街道重建产生的废弃混凝土堆砌而成。小山顶上有一处水景，几条沟渠与湿地或沙坑相连，孩子们可以在这里戏水玩耍。枢纽公园的设计注重自然性与游乐性。孩子们会在这里发觉大自然的奇妙，进而开始他们的发现与探索之旅。枢纽公园已经成为父母与孩子一道探索、游乐和学习的地方。

湿地在公园内蜿蜒而过，起到清洁雨水的作用，同时也是一处重要的水景。肮脏的雨水从街道边缘流入湿地，然后经过湿地边的一系列台阶，台阶上种植着植物，能够吸收水中的污染物。

公园内的一大特色游乐设施是一条管道桥，告诉孩子们地下的污水管道是什么样子的。由于公园内有雨水集成处理系统，所以街道下面没有主要的雨水排放管道，这让地面上的这条管道桥成为一个趣味十足的景观元素，管道上还有观望孔。各个年龄段的儿童都可以在这座公园内玩耍，甚至成年人也可以在水渠边戏水或爬上管道桥。回收利用的铝质装卸桥改造成了湿地上方的一段桥梁，连接着散步道和有篱笆的狗狗公园。

总平面图
1. 野餐草坪
2. 观景码头
3. 狗狗公园
4. 圆形空间
5. 未来公园扩建
6. 散步大道
7. 水景
8. 湿地
9. 管桥
10. 未来社区花园
11. 日光坡地
12. 未来学校
13. 观景台
14. 游乐区
15. 球场
16. 游乐小山

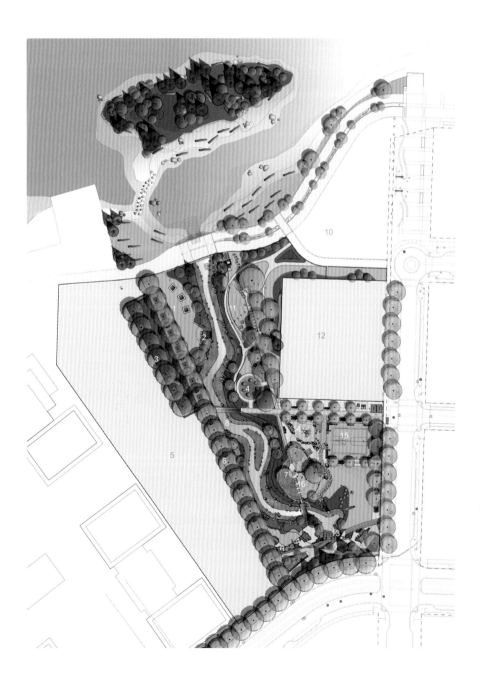

项目名称：
奥运村枢纽公园
面积：
1公顷
摄影：
PWL景观事务所

管道桥手绘图

1. 奥运村枢纽公园俯瞰图
2. 自然湿地能够过滤并净化雨水
3~5. 有趣的"管道桥"成为公园一景，设计灵感来自这块工业用地的历史。桥身上有观视孔，孩子们可以看到下面湿地里的水生生物，如棘鱼和小龙虾

游乐区的小船

游乐区

1、2. 花岗岩踏步
3. 戏水水景
4. 集游乐与探索于一体的休闲空间
5. 石头上可以闲坐读书，草坪上可以野餐

小山丘、花岗岩巨石、采摘浆果的小树林以及湿地边的观景台为孩子们、家长以及其他游客提供了丰富多样的游乐和休闲空间。公园和湿地的边缘处设置了一系列鸟舍，为栖居在湿地和公园附近的各种鸣禽提供了舒适的家园。

通过种植大量本地植物、建设天然草甸、野花山坡、湿地台阶以及采用其他各种景观元素，公园内建立了良好的生态系统，丰富了当地的生物多样性。湿地边堆放着老旧的圆木，就像在大自然中溪流边自然倒下的树木。湿地已经成为水獭、野鸭以及无数其他水生生物的栖息家园。

设计师通过基础设施与景观设计的融合，实现了上述的设计目标。枢纽公园丰富了儿童、附近居民以及其他各种游客的生活，让人流连忘返，乐在其中。

1. 社区小花园
2. 鸟舍与当地植被
3. 孩子们绝佳的游乐场所
4. 戏水水景
5. 自然湿地；图片版权所有：奥托·考夫曼（Otto Kaufmann）

威斯敏斯特码头公园

景观设计：PWL景观事务所
项目地点：加拿大，不列颠哥伦比亚省，新威斯敏斯特

想象这样一座公园：它由粗糙的天然材料和人工材料建成，易于维护，在75年的使用期后，这些施工材料如果想要的话还能回收利用。威斯敏斯特码头公园（Westminster Pier Park）就是这样一座公园，占地3.84公顷，由加拿大PWL景观事务所（PWL Partnership Landscape Architects）设计。它赋予可持续性新的含义，不仅满足公园目前对生态环境的需求，而且兼顾未来的环境影响。

新威斯敏斯特码头公园为当地居民重建市区滨水区、打造公园和公共空间带来了机遇。PWL景观事务所的设计不仅尊重新威斯敏斯特当地丰富的历史遗产，而且兼顾关键的城市发展问题，比如将这块从前的工业用地与当地社区建立紧密的联系，未来可以形成一个整体的市民文化中心，并与周围的其他开发项目相连，同时打造丰富的公共活动空间。用地位于菲莎河（Fraser River）河畔，设计中保留了原有的码头和木板路，并采用丰富的植被，营造出充满生机的自然滨水空间，进而带动周围地区的活力。

1. 利顿广场
2. 滨水区

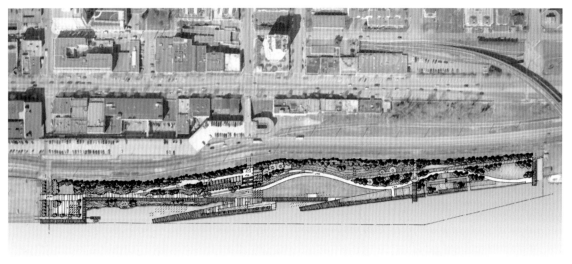

设计理念示意图

项目名称：
威斯敏斯特码头公园
竣工时间：
2012年
项目经理/总工程师：
沃利·帕森斯（Worley Parsons）
岩土工程：
EXP工程公司
滨水生态顾问：
GL威廉姆公司
（GL Williams and Associates Inc.）
建筑设计：
对话建筑事务所（DIALOG）
照明顾问：
托塔尔照明设计公司
（Total Lighting Solutions）
机械工程：
佩雷斯工程公司
（Perez Engineering Ltd.）
委托客户：
新威斯敏斯特市政府
面积：
3.84公顷
摄影：
PWL景观事务所

平面图

鸟瞰图

1. 木板道上设置了"纪念带"

PWL景观事务所负责人布鲁斯·海姆斯托克（Bruce Hemstock）表示，大部分公园的设计使用年限是50年，"很少有地方能够呈现出文化、历史和生态相结合的景观，尤其这里还是一块受到污染的滨水棕地。"

威斯敏斯特码头公园包括大型活动空间、聚会空间、游乐空间、体育活动空间、码头和绿地等，各个区域通过一条木板道以及若干铺装小路或者石子小路相连。公园内的一大特色是道路内嵌入的一条"纪念带"，上面有激光雕刻的文字，反映了新威斯敏斯特当地的历史。此外，还有独特的特色转轴躺椅，其设计灵感来自杠杆式手推车——这块工业用地上曾经使用的一种人力搬运车辆。

石阶和长椅上还采用了体现当地历史风貌的照片，采用铝材制成。公园内各处分布了许多巨石，可以闲坐，也可攀爬。公园中央是利顿广场（Lytton Square），以大型木质框架结构为特色，影射了新威斯敏斯特古老的市场建筑。

设计师为这些建筑和景观元素选用的材料都是经久耐用、易于维护的。所有的扶手都采用镀锌钢，不上油漆；"纪念带"采用耐候钢；采用高强度混凝土和结实的木板，旨在节约维护成本，让景观环境能够经受时间的考验，不过，如果需要的话，这些材料也可以用其他材料替代并回收再利用。

布鲁斯·海姆斯托克表示："扶手都可以拆下，回收利用。木板也可以。混凝土可以回收，压碎，作为碎石来使用。混凝土内的钢材也可以回收。所有的土壤都可以再利用。这项工程竣工的时候，几乎没有什么是剩下的不可回收的废料。"

这种可持续的环保策略体现了威斯敏斯特码头公园对环境负责的态度。用地上移走并治理了约3600吨受污染的土壤，代之以从新威斯敏斯特另一座公园运来的干净的土壤。设计师采用了当地的回收材料，比如用老旧的电线杆打造了一片"电线杆森林"，模拟的是码头下面的场景。此外，还采用抗旱的本地植物和非入侵性植物，对4000平方米的滨水浅滩进行修复，使其成为鱼类和其他野生生物的自然栖息地。

PWL景观事务所认为，可持续理念应该不仅体现在生态上，而且也体现在社会和文化方面。雇用当地劳动力修建公园并采用当地材料也是一种体现。可持续理念还体现在未来会使用这座公园的周围广大社区居民身上。布鲁斯·海姆斯托克说，良好的设计和广泛的使用，让这座公园起到凝聚当地社区的作用。

"威斯敏斯特码头公园为人们提供了聚会休闲的场地。这座公园融入了当地历史，融入了当地的生态环境。它有助于周围社区的团结，有助于社会的可持续发展。"

不管威斯敏斯特码头公园75年后能不能将全部材料回收利用（因为未来可能出现我们现在无法想象的因素），它都将对当地居民和新威斯敏斯特滨水区产生持久的影响，并在未来的许多年里给当地社区带来益处。

1. 游乐区
2. 利顿广场
3. 阶梯座椅
4~7. 施工前后对比
8. 码头观景台
9. "电线杆森林"
10. 草坪上可以举行各种活动；图片版权所有：新威斯敏斯特公园文娱管理办公室
11. 行人在木板道上散步
12. 转轴躺椅

伯利恒金沙城

景观设计：SWA集团
项目地点：美国，宾夕法尼亚州，伯利恒

项目概述

　　宾夕法尼亚州的伯利恒金沙城项目（Sands Bethworks）曾是一座废旧的炼钢厂，与热闹的南伯利恒市区接壤，拥有一系列厂房、高炉、写字楼和废弃建筑，此次改造成一处综合性休闲场所，集赌场、酒店、博物馆和多功能零售商业区于一体。项目的景观区域占地约8.1公顷，由SWA集团进行设计，将场地深厚的历史底蕴与现代的设计手法相结合，演绎出一座新型娱乐中心。本案的设计确立了两个基本目标：首先对原有的建筑进行保护和功能改造；其次为新建筑融入适宜的工业设计语言，保留工业遗产的场地特质。通过对现有结构和材料的适当再利用，这座历史悠久的城市地标迎来了新生，成为伯利恒社区居民的一个生活新地标。场地历经了从繁荣的钢铁城市到衰落的工业废地的转变，对于其未来的健康发展而言，可持续性和绿色理念至关重要。建筑的改造和景观设计方案都体现了可持续的发展理念。作为炼钢厂使用时，铁矿石的提炼活动造成了此处土壤的高酸度，pH值达2.5~3。因此，维护成本低的植物种植将有助于土壤的恢复和对植物生长的支持，桦树和杜松这样的灌木和树种都可以在酸性土壤中存活成长。景观设计植入的生物过滤系统能够对降水进行补给，为贫瘠的景观区域提供支持，以达到LEED绿色节能标准。设计重建了场地的历史用途和新型功能之间的联系，对于这片大规模用地而言无疑是一个成功的案例。

1、2. 游客走进金沙城，首先看到一座标志性的大型矿石装卸吊车。吊车下方，填石铁笼构筑的挡土墙以及杜松和禾本植物凸显了过去铁矿石的提炼活动造就的梯田状地势结构。

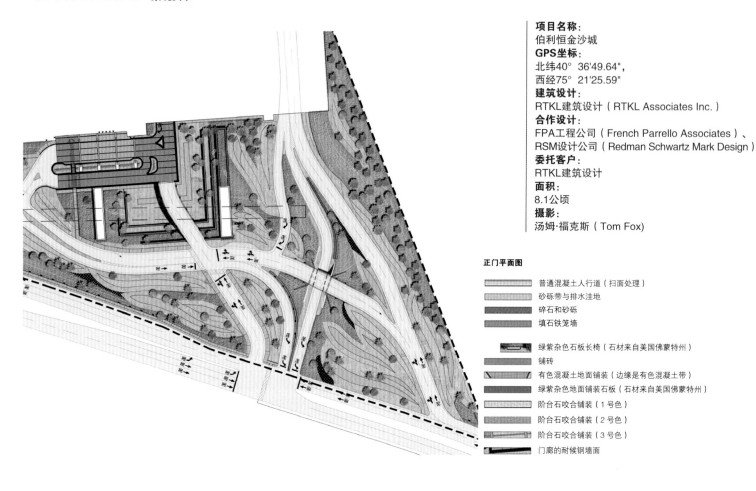

项目名称:
伯利恒金沙城
GPS坐标:
北纬40° 36'49.64",
西经75° 21'25.59"
建筑设计:
RTKL建筑设计（RTKL Associates Inc.）
合作设计:
FPA工程公司（French Parrello Associates）、
RSM设计公司（Redman Schwartz Mark Design）
委托客户:
RTKL建筑设计
面积:
8.1公顷
摄影:
汤姆·福克斯（Tom Fox）

正门平面图

- 普通混凝土人行道（扫面处理）
- 砂砾带与排水洼地
- 碎石和砂砾
- 填石铁笼墙

- 绿紫杂色石板长椅（石材来自美国佛蒙特州）
- 铺砖
- 有色混凝土地面铺装（边缘是有色混凝土带）
- 绿紫杂色地面铺装石板（石材来自美国佛蒙特州）
- 阶台石咬合铺装（1号色）
- 阶台石咬合铺装（2号色）
- 阶台石咬合铺装（3号色）
- 门廊的耐候钢墙面

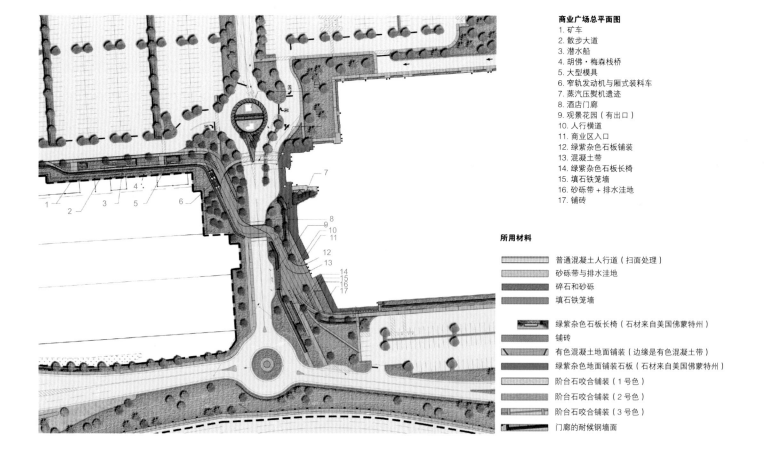

商业广场总平面图
1. 矿车
2. 散步大道
3. 潜水船
4. 胡佛·梅森栈桥
5. 大型模具
6. 窄轨发动机与厢式装料车
7. 蒸汽压熨机遗迹
8. 酒店门廊
9. 观景花园（有出口）
10. 人行横道
11. 商业区入口
12. 绿紫杂色石板铺装
13. 混凝土带
14. 绿紫杂色石板长椅
15. 填石铁笼墙
16. 砂砾带＋排水洼地
17. 铺砖

所用材料

- 普通混凝土人行道（扫面处理）
- 砂砾带与排水洼地
- 碎石和砂砾
- 填石铁笼墙

- 绿紫杂色石板长椅（石材来自美国佛蒙特州）
- 铺砖
- 有色混凝土地面铺装（边缘是有色混凝土带）
- 绿紫杂色地面铺装石板（石材来自美国佛蒙特州）
- 阶台石咬合铺装（1号色）
- 阶台石咬合铺装（2号色）
- 阶台石咬合铺装（3号色）
- 门廊的耐候钢墙面

总平面图
1. 矿坑
2. 采矿吊车
3. 入口平台
4. 滨水区
5. 多功能开发区
6. 铁轨广场
7. 蒸汽压熨机遗迹
8. 碳钢回火车间（3号楼）
9. 机械工厂（2号楼）
10. 胡佛·梅森栈桥（Hoover Mason Trestle）
11. 生物沼泽与填石铁笼墙
12. 宾夕法尼亚大道/利哈依峡谷铁路运输管理
13. 利哈依河
14. 小桥
15. 412大道

设计详述

项目用地从前是伯利恒炼钢厂的所在地，这里是美国环保署（EPA）在国内最大的棕地改造项目，设计中尤其需要注意改善土壤的pH值以及对雨水的处理，以便满足多功能空间新租户的使用需求。用地的设计通过土地保护和改造，借鉴了美国的工业文化遗产，为游客营造出美好、健康的新环境。最重要的是，本案对宾夕法尼亚州伯利恒的区域发展振兴起到催化剂的作用。

美国有许多工业时代遗留下来的大型厂区，这些地方跟不上科技进步的脚步，早已淡出人们的视线，任周围野草丛生。幸运的是，其中有些地方可以变废为宝，在不利条件的基础上发掘开发潜力。

后工业用地景观改造最令人瞩目的案例之一要追溯到伯利恒市利哈依运河（Lehigh Canal）南岸。这片土地约有728公顷，占伯利恒总陆地面积的20%，本案的8.1公顷就包含在其中，从前是伯利恒炼钢厂。这家工厂始创于1904年，一直运营至1998年，直到美国制造业撤资、海外竞争和短期营利目标等因素最终导致其终止经营。伯利恒炼钢厂经营了几乎一个世纪的时间，它的倒闭对这座城市来说令人黯然神伤，因为数以千计的工作岗位突然消失了，随之而去的还有全市20%的课税基数。留下来的只有一纸破产声明以及一块全美最大的棕地。

环境修复

随着炼钢厂的关闭，在设计团队介入之前，伯利恒炼钢厂、宾夕法尼亚州环保署（PDEP）和美国环保署三方签署了一项清理协议，拟将375吨受重金属和有毒化合物污染的土壤清除并运输到一个允许倾倒的场地，然后用干净的土壤回填。随着污染土壤的清理，石油产品的运输和道路的拆毁也同时进行。

社会修复

清理工作完成后，项目设计师和当地官员仍然面临着来自社区的质疑，因为规划案拟在当地兴建一家赌场。居民代表团十分关注这类开发项目可能带来的潜在负面影响。当地人视伯利恒金沙城项目为"外来者的生意"，设计师能改变这种看法吗？除了经济影响外，这一多功能综合项目如何对伯利恒产生有益的作用？如何融入这座城市？

伯利恒市长在对当地居民的一次讲话中表示，希望大家缓解紧张和恐惧的情绪，并讲明了伯利恒金沙城项目能够带来的社会效益。通过强调合法赌博带来的经济力量能够为伯利恒的振兴起到催化剂的作用，市长让居民理解了金沙城将续写而不是斩断伯利恒悠久的历史，改变了居民对该项目的看法，赢得了选民的支持。随着新资金的注入，炼钢高炉和古老的建筑物得到了保留及修复。项目竣工并对外开放三年后，住房销售提高了13%，平均房价一年内增长了两个百分点。约2500人在金沙城找到了工作，每年该项目为政府的财政收入贡献了超过900万美元。

可持续设计

经过仔细分析，设计师认为该项目设计的重点应放在保护并强化用地的工业历史背景上，同时开发其经济潜能，使其成为当地经济增长的引擎。通过对建筑的改造利用和巧妙的设计手法，尽管困难重重，设计师还是实现了可持续设计这一首要目标。选用的常绿植物（如桦树和杜松等）适合用地土壤的酸碱度，省去了清理大量土壤的麻烦，节约了成本，提升了用地的可持续性能。此外，乔木、灌木和地表植被会收集并中和植物内的污染物，通过植物提取和降解作用，进一步达到清洁土壤的目的。但是，首先要解决的是清理问题。

保证水质

为改善水源条件，设计师在用地的沉降区内设置了25个生物沼泽（砂砾和植被相结合）对4.5公顷土地上的雨水径流起到拦截的作用，成为天然的净水器，过滤后，最终将水源注入当地地质含水层。在设计过程中，设计师提出两种类型的沼泽，每两年能收集约1035立方米的雨水。停车场内设置的沼泽采用混合修复土壤，含有30%的堆肥和60%的表层土，下面有排水管，而入口附近的砂砾沼泽还包含表层15厘米厚的一层额外的砂砾。通过沿入口大道设置30多处沉降路缘，雨水可以轻易地流到渗水区，降低了国家标准下50%的污染物负荷，包括三个类型的污染物：悬浮固体、磷和氮。有了这些沼泽及其下方的排水管线，原来由于土壤较差的渗水条件而导致的雨水渗透缓慢问题也得到了解决。

结构设计

为了实现历史遗产的保护，设计团队提出了一种简单、易于维护的景观设计方案，能够对用地上的许多工业建筑和废弃的残骸进行保护和改造。走进用地，游客要从一架大型矿石装卸吊车下方穿过，炼钢厂以前就是用这架吊车将大量用料从铁路和河边运到厂里来，所以游客立刻就能感到伯利恒炼钢厂古老遗产的气息。这一特色入口装置的周围是填石铁笼，填充的都是回收利用的废料；吊车下方的台阶模仿的是古老的矿石提炼过程。原有的33栋老建筑当中的23栋得以保留，并将在未来几年中有新的用途。其中一个名为约翰逊机械园（Johnson Machinery）的建筑群已经改造为196间公寓和室内停车场，里面有利哈依峡谷（Lehigh Valley）地区最大的餐厅。另外，这个建筑群的古老屋顶也进行了改造，用作户外庭院的遮棚。

1. 平铺圆柏（匍匐桧）
2. 天蓝草
3. 平铺圆柏（匍匐桧）
4. 圆柏（中国桧）
5. 大叶醉鱼草（紫花醉鱼草）
6. 北美小须芒草（裂稃草）
7. 平铺圆柏（匍匐桧）
8. 车轮棠"赫塞尔"
9. 连翘
10. 车轮棠"赫塞尔"
11. 美洲朴树（油朴）
12. 榆树"勘探者"（美国榆树杂交品种）

用植物调节 pH 值——土壤适配与测试

○ 测试钻孔位置：深度 0 ~ 4.6 米
● 表层土壤测试位置：深度 0.15 米 /1.5 米

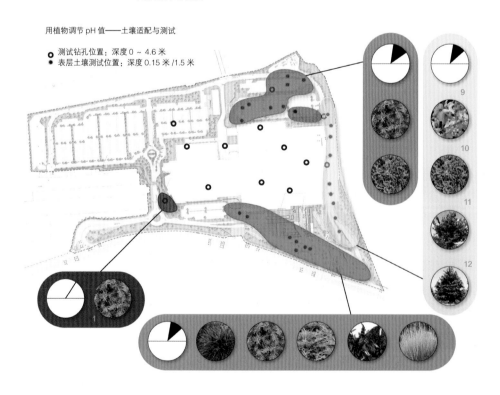

生物沼泽

停车场的植被生物沼泽

入口的砂砾生物沼泽

1. 底基层
2. 压实路基
3. 沥青路面
4. 填石铁笼
5. 砂砾
6. 生物沼泽：0.9 米厚的土壤混合物（30% 堆肥 +60% 表层土）
7. 0.6 米宽的填石排水沟
8. 生物沼泽：0.9 米厚的土壤混合物（30% 堆肥 +60% 表层土）
9. 地下排水管道（应对暴雨或冰雪融化时产生的额外水量）
10. 原土壤
11. 集水池（应对暴雨或冰雪融化时产生的额外水量）
12. 凹进式路缘（方便排水）
13. 生物沼泽：0.15 米厚的砂砾层
14. 地下排水管道
15. 生物沼泽：0.9 米厚的土壤混合物（30% 堆肥 +60% 表层土）

生物沼泽的好处
每两年的降雨

拦截 2,450 立方米的雨水

污染物负荷减少 50%

固体悬浮物总量（TSS）：0.953 千克
总磷量（P）：0.0454 千克
总氮量（N）：0.0454 千克

1. 建筑入口
2. 入口雨篷外的填石铁笼挡土墙，旁边生长着苍翠的杜松
3. 用地的坡度经过调整，确保了金沙城入口处高效的交通动线。连接人行道和街道的斜坡方便坐轮椅的残障人士通行；道路分级，分流交通；低洼区有助于将雨水引入生物沼泽和过滤系统。

　　在主停车场的南侧，设计师保留了残留的栈桥（由砂砾、岩石等其他材料构成），用其界定了停车场南侧的边缘。为了让新旧两部分统一，设计师在用地上延续了栈桥结构的线条，在历史遗迹的基础上营造出新的空间秩序。

　　通过尊重并突出用地的工业历史，伯利恒金沙城成为"城市开发催化剂"的一例范本，周围的开发项目纷纷效仿：2012年5月，新建的多功能活动中心竣工；如今，美国公共广播公司（PBS）也已入驻金沙城；附近正在拟建国家工业历史博物馆。十年前，环保、美观、历史的使命等一系列问题还在困扰着原伯利恒炼钢厂的厂区用地，然而，现如今伯利恒金沙城已经用实践证明，看似无望的环境条件却可以催生经济的繁荣和社会的进步，可供美国为后工业景观修复寻求方案的其他各地学习和借鉴。

亨克矿坑文化广场

景观设计：霍斯柏景观设计与城市规划事务所
项目地点：比利时，亨克

　　比利时亨克的矿坑文化广场（C-mine Square）所在地从前是个煤矿厂区，现在这里已经成为亨克市新的文化中心区。广场周围主要是从前煤矿厂区的建筑物，已经进行了翻新和改造，成为一系列文化建筑，包括剧院、电影院和餐厅。广场西侧的媒体、艺术与设计学院是新建的大楼。在矿藏开采时代，采矿工程留下的残余物堆积成山，就在矿坑文化广场的旁边。在市政府购买这块地之前，矿业公司已经将污染的土地进行了清理。其后，市政府为这块土地的开发发放了名目繁多的津贴，包括用于进一步的土壤修复。

1、2. 亨克矿坑文化广场夜景

项目名称：
亨克矿坑文化广场
竣工时间：
2012年
设计团队：
汉尼克·基尼（Hanneke Kijne）、
佩特鲁斯卡·图曼（Petrouschka Thumann）、
汉·科宁斯（Han Konings）等
合作设计：
卡梅拉·博格曼公共空间艺术设计工作室、
PwL照明设计工作室、ARA设计工作室、
NU建筑事务所
委托客户：
亨克市政府
面积：
0.5公顷
摄影：
彼得·科尔斯（Pieter Kers）
奖项与提名：
文化广场设计竞赛一等奖；
2013年比利时公共空间设计奖提名

1. 鸟瞰图
2. 移动式座椅

一个水平面

　　霍斯柏景观设计与城市规划事务所（HOSPER Landscape Architecture and Urban Design）将矿坑广场打造成为亨克市的一个充满活力的文化中心。广场空间的设计旨在使其能够为各种活动提供场地。因此，设计师选择了无障碍地面，座椅是可移动的。当然，有活动举办时或者有大量游客时，广场上自然会呈现出一派生机。但是，即使是没有活动的时候，这个广场仍然会显得充满活力。广场采用比利时黑色石板铺装，影射从前矿场的"黑金时代"。这种石板跟采矿工程产生的废料是同一种石材。大块和小条石板相结合，让地面铺装显得生动活泼。此外，水池、薄雾喷泉、移动式座椅和照明元素的运用也让空间更显灵动。座椅由卡梅拉·博格曼公共空间艺术设计工作室（Carmela Bogman Art and Design in Public Space）与霍斯柏共同设计，有的是带靠背的椅子，有的是简单的坐凳，采用不锈钢折叠钢板制成，在广场黑色铺装表面的衬托下像钻石般闪烁着光芒。

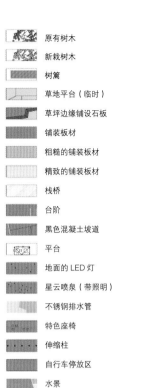

	原有树木
	新栽树木
	树篱
	草地平台（临时）
	草坪边缘铺设石板
	铺装板材
	粗糙的铺装板材
	精致的铺装板材
	栈桥
	台阶
	黑色混凝土坡道
	平台
	地面的 LED 灯
	星云喷泉（带照明）
	不锈钢排水管
	特色座椅
	伸缩柱
	自行车停放区
	水景
	特色元素

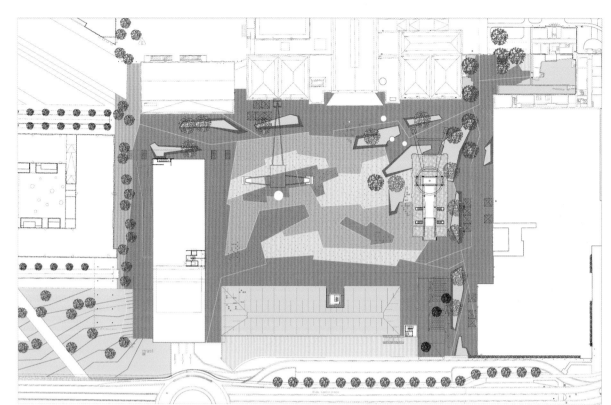

平面图

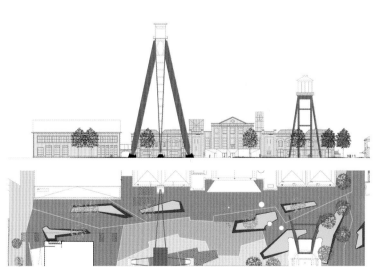

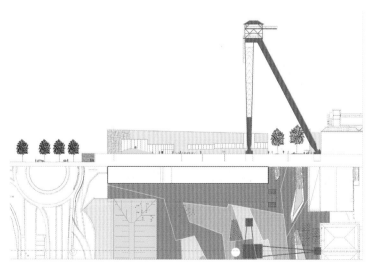

剖面图

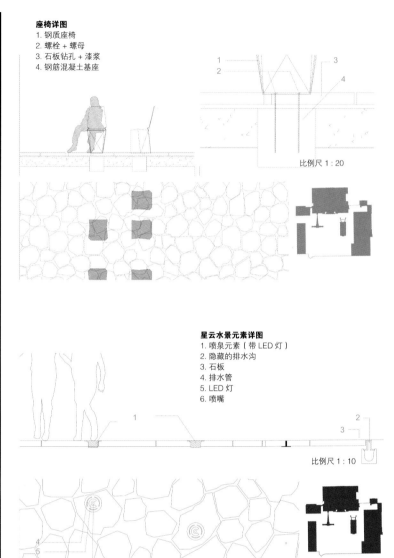

座椅详图
1. 钢质座椅
2. 螺栓 + 螺母
3. 石板钻孔 + 漆浆
4. 钢筋混凝土基座

比例尺 1:20

星云水景元素详图
1. 喷泉元素（带 LED 灯）
2. 隐藏的排水沟
3. 石板
4. 排水管
5. LED 灯
6. 喷嘴

比例尺 1:10

1. 亨克矿坑广场"星云"水景模型图
2. 路面铺装
3、4. 移动式座椅
5. 原有的井塔
6. 井塔夜景

夜景

霍斯柏为矿坑广场设计的照明方案在PwL照明设计工作室（Painting with Light）的帮助下在施工中得以实现。广场周围的建筑物都进行照明处理，对当地的历史文化以示尊重。广场上原有的两个井塔采用LED灯照明，从远处就能看到，起到灯塔的作用。广场的照明还包括嵌入地面铺装中的条状灯以及薄雾喷泉和座椅的照明，赋予广场美轮美奂的夜景。所有照明的基础色调都采用暖白色，有活动进行时也可以制造特殊的灯光色彩效果。喷泉以及大部分的照明都采用一体式控制系统。

在矿坑文化广场的设计与施工中，霍斯柏与比利时当地公司ARA设计工作室（Atelier Ruimtelijk Advies）展开合作。此外，比利时NU建筑事务所（NU architectuuratelier）设计了广场上的一条观光道路，从古老的井塔下面的采矿作业通道，到从前的矿场接待大楼遗址，终点处是新井塔的顶部，这座井塔更高，带来更好的视野。

"前行之路"观景台

景观设计： IBI-CHBA集团
项目地点： 加拿大，蒙特利尔

    "前行之路"观景台（Chemin-Qui-Marche Lookout）位于蒙特利尔老城区和老港口之间的交汇处。其名字"前行之路"源自当地土著居民对圣劳伦斯河（St. Lawrence River）的称呼，意思是"一条前行的道路"。

    该地有着数百年的悠久历史，其工业遗迹今天仍然可以看到。本案的设计为这一长久以来遭到废弃的工业用地重新注入生机。此外，本案还让始于18世纪的魁北克老街区（Faubourg Québec）获得新生——这是建于蒙特利尔城墙外的首个街区。在城市复兴的大背景下，本案让魁北克老街区重新获得了其独有的特色和环境氛围。

用地演化

这片绿地的规划理念旨在表现出用地的工业历史，尤其是其工业历史上的重要阶段。散步道既呈现出现代化街区环境的氛围，又拥有自身特色。这片绿地见证了当地的历史，并通过三大景观元素将其表现出来——河流与码头、铁路的痕迹以及城市历史。

1. 河流与码头

密集的工业活动在蒙特利尔老城区进行时，一系列木板码头曾经在城区与河流之间划出一条分界线，货轮与城区就在这里交汇。"前行之路"观景台的设计营造出一座带状公园，也采用木板平台，延续了古老码头的木板路。

2. 铁路的痕迹

在早期的城市开发阶段，用地上曾有无数条铁路线=纵横交错，通向港口的仓库和从前的瓦伊格火车站（Viger Station）。现在这片绿地下方就有仍在运营中的地下铁路隧道。多条铁路线从用地上穿过。设计师利用植被的布局凸显了这些铁路线的存在，用以表明该地的历史。景观小品的设计沿袭了铁路的造型。

3. 城市历史

项目用地是蒙特利尔老城区原来的娱乐和旅游开发区的外延。本案不仅重塑了魁北克老街区的特色，而且融入了蒙特利尔的历史。三条重要的街道将绿地与老城区连接起来。这些连接通道起到"门槛"的作用，引导行人去认识这里的过去、现在和未来。

观景台

绿地上新的空间布局划分出一个独特的观景台，悬于城区与河流之间。这是一个适合安静独处的空间，拥有180度的全景视野，能够看到许多标志性的建筑、工业遗迹和景观。所以说，这里是一个集结了蒙特利尔的象征的舞台。

发现

长长的散步道仿佛在将该地的历史娓娓道来。设计师选用的材料与小品都呼应了铁路和老港口的工业背景。木板平台、长椅、灯柱、植物、栏杆和果皮箱等全都融入了统一的设计语言。

长椅

重蚁木制成的长椅是设计师为本案专门打造的，散步的人走累了可以坐下休息，也可以坐在这里审视这片土地。倾斜的靠背可以让人舒适地躺下，更好地欣赏周围的美景。每张长椅上都刻有一句简短的话，内容都是蒙特利尔历史上（从1535年至今）的重大事件。长椅的位置也是精心布置的，能够将视线引导到美景和地标建筑上来，将充满历史感的长椅与现实的环境紧密联系起来。

项目名称：
"前行之路"观景台
竣工时间：
2012年9月
IBI-CHBA设计团队：
伊莎贝拉·吉亚森
（Isabelle Giasson，项目监理）、
布鲁诺·迪歇纳
（Bruno Duchesne，项目经理）、
帕特里夏·吕西耶
（Patricia Lussier，主持设计师）、
让-菲利普·安德烈
（Jean-Philippe André，设计、绘图与现场监理）
建筑设计：
凯沃克·加拉贝迪安
（Kevork Garabedian）
工程设计：
EXP工程公司（Services EXP）、
AECOM全球咨询集团

政府监管：
安德烈斯·博特罗
（Andres Botero）
委托客户：
蒙特利尔市玛丽城（Ville-Marie）
面积：
3,060平方米
施工造价：
1,925,000美元
摄影：
亚历克西斯·诺莱
（Alexis Nollet）、
亚历山大·吉尔博
（Alexandre Guilbeault）、
伊莎贝拉·吉亚森

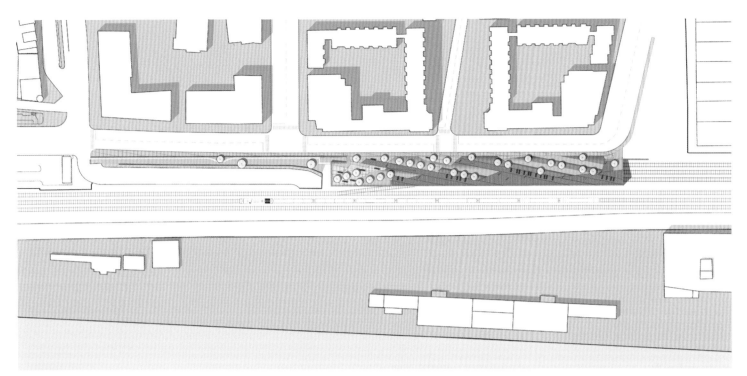

总体规划图

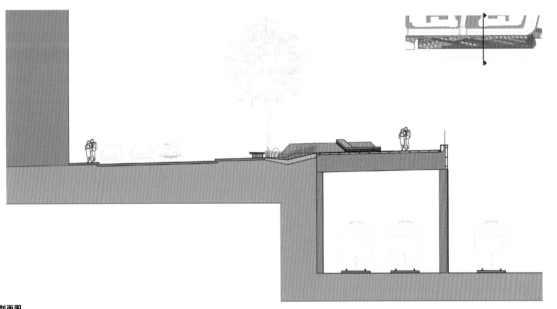

剖面图

"前行之路"

　　不论白天还是夜晚,光线都伴随着人们在这片绿地上的发现之旅。钢质灯柱上采用穿孔设计,模仿铁道的形式,呈现出圣劳伦斯河从蒙特利尔到大西洋流过的路线的轮廓。夜晚,穿孔处有灯光射出,在绿地的中央营造出一个充满诗意的形象。景观小品与照明共同赋予该地标志性的形象,让人能够体验蒙特利尔悠久的历史。

1. 植被丰富了观景台的环境
2、3. 观景台夜景

木板平台详图——栏杆处
1. 木板平台（规格：70 毫米 ×184 毫米，用螺丝固定在搁栅上）
2. 木搁栅（规格：89 毫米 ×140 毫米）
3. 混凝土砖（半块，规格：50 毫米 ×200 毫米 ×200 毫米）
4. 橡皮保护垫（规格：300 毫米 ×300 毫米）
5. 密封膜
6. 原有的混凝土结构
7. 原有的混凝土栏杆
8. 调整垫片
9. 木板（规格：70 毫米 ×235 毫米）

木板平台详图——花池处
1. 木板平台（规格：70 毫米 ×184 毫米，用螺丝固定在搁栅上）
2. 木搁栅（规格：89 毫米 ×140 毫米）
3. 混凝土砖（半块，规格：50 毫米 ×200 毫米 ×200 毫米）
4. 橡皮保护垫（规格：300 毫米 ×300 毫米）
5. 密封膜
6. 原有的混凝土结构
7. 排水膜
8. 双层刚性绝缘层
9. 无纺布土工织物膜
10. 胶合板
11. 调整垫片

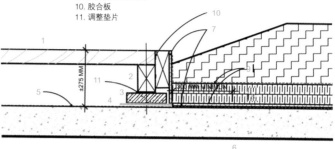

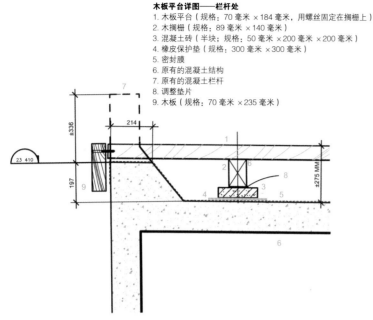

棕地复兴

　　花池呈线性造型，与铁道的格局保持一致。多种本地植物营造出天然景观的氛围——用地在开发之前荒废了几年，生长了许多本地的野生植物。灌木、禾本植物和多年生植物混合，还有野生草莓，凸显了用地的双重性质——既是天然植物园，又是城市环境。树木也都是本地品种，界定了观景台上视线的垂直框架。

修复式设计

　　因为75%的用地面积都位于原有的地下铁路隧道之上，所以，这片绿地的大部分其实是"绿色屋顶"。本案增加了所在街区绿色空间的面积，为居民带来一个阴凉、舒适的休闲空间。除了采用本地植物进行旱生园艺营造外，设计师还采用了一系列有益环保的手段，包括选用浅色的回收利用或可持续性材料以及本地材料和设备，对木材的选择也考虑到了森林可持续经营的原则。

全民使用

　　这片绿地呈现出带状公园的造型，全长166米，当地街区的全体居民都可以享受市中心的这个全新的安全、舒适、亲切的休闲空间。行人可以从这里穿过；骑自行车的人可以在这里停留，稍作休息；游人可以到此观光，欣赏美景，了解这座城市以及这片土地的历史。"前行之路"观景台的设计将河堤开发成城市滨水区，未来这里将成为其所在街区乃至整个蒙特利尔市的标志性景点。

广受欢迎

　　凭借人性化的设计，"前行之路"观景台成为一个宜居之地。这里有舒适的环境来满足各种需求：散步、休息、欣赏风景……空间布局呈现出永恒经典的极简风格，井然有序，给人们留出足够的活动空间。就像魁北克的萨缪尔–德–尚普兰木板道（Samuel-de-Champlain Boardwalk）、多伦多的"波浪平台"（Wave Deck）以及纽约的高架铁路公园（High Line）一样，这里已经成为一个休闲散步的好去处。

1. 观景台上铺设木板道
2~5. 观景台上的休闲设施

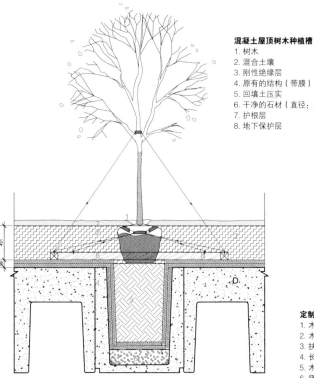

混凝土屋顶树木种植槽（带支撑结构）详图
1. 树木
2. 混合土壤
3. 刚性绝缘层
4. 原有的结构（带膜）
5. 回填土压实
6. 干净的石材（直径：20 毫米）
7. 护根层
8. 地下保护层

定制长椅详图
1. 木质长椅（木板规格：30 毫米 ×40 毫米）
2. 木质长椅（木板规格：38 毫米 ×138 毫米）
3. 扶手和金属腿
4. 长椅侧面
5. 木板平台（配有小品和连桥）
6. 坚固的不锈钢螺栓
7. 螺丝钉

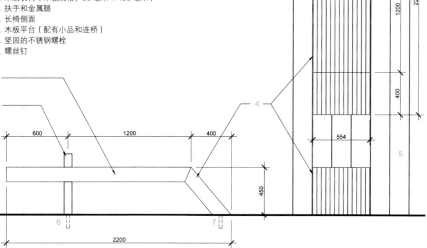

伦敦奥林匹克公园绿地与公共空间

景观设计：LDA设计公司、哈格里夫斯景观事务所

项目地点：英国，伦敦

1. 桥台边的草甸鲜花盛开
2. 奥林匹克体育场旁边的绿地种植了杨树
3. 从安尼施·卡普尔（Anish Kapoor）设计的"盘旋塔"（Orbit）
上俯瞰奥林匹克公园

历史背景

本案是为2012年伦敦奥运会而建的公园，现命名为"伊丽莎白女王奥林匹克公园"，是英国过去160多年的历史中最重要的城市公园。这座公园创造出102公顷的可持续绿色空间，原来那片荒芜的棕地现在已经变成东伦敦地区的核心。

在公园的整体规划开始动工之前，许多困难亟待解决。过去这块土地曾经遭受严重的污染，一直废弃不用。之后这里建设了生产电池和手表的几家工厂，还曾经是战后军需品垃圾场和城市垃圾场。因此，项目用地在动工之前需要进行彻底的清理和修复。

英国LDA设计公司（LDA Design）和哈格里夫斯景观事务所（Hargreaves Associates）共同负责伦敦奥林匹克公园的设计工作。景观设计的关键在于如何将利河（River Lea）河道改造成三维立体的拼接式绿地，包括湿地、沼泽、湿润林地、干燥林地和草甸。多种类型的绿地相结合，目的在于抵御洪水泛滥，同时丰富当地的生物多样性，原有的植被也不用从用地上移除。

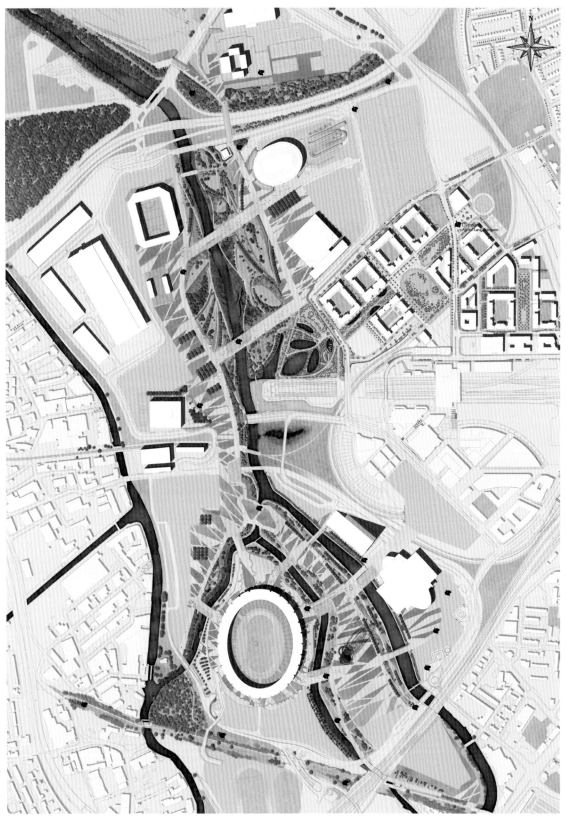

项目名称:
伦敦奥林匹克公园绿地与公共空间
竣工时间:
2012年
面积:
102公顷
摄影:
LDA设计公司

目标

委托方伦敦地产开发公司(原伦敦奥运筹备局)的目标是在奥林匹克公园内打造世界级的景观,不仅为伦敦奥运会的比赛提供美轮美奂的背景环境,而且要在奥运会结束后保持其存在价值。它应该是一种永久的遗产,持续为周围的社区带来积极的影响。

设计原则

·符合目标:确保设计和施工质量能够满足奥运会和今后的使用要求,打造高效运转的交通系统

·长期使用:提供基础设施和场馆,确保奥运会结束后还能长期使用,让当地社区居民受益

·环境:有利于环境的因素尽量增多,不利于环境的影响尽量减小,打造史上最具可持续性的奥运会

·兼容性:打造多功能的城市公园,让当地社区居民能够利用,为之提供独特、丰富的公共空间,用于举办各种活动,使用上尽量灵活

明智的设计确保了这座公园在奥运会结束后能用最少的人力和财力就转变为今后长期使用的场地。所有的临时性场馆、结构和场地都进行了拆除,变成永久性的可持续公园用地,有益于生态环境的改善。

总体规划
1. 公园北部
2. 公园南部
3. 奥林匹克体育场
4. 大不列颠花园
5. 2012年伦敦花园
6. 野花草甸

各种艺术和文化设施融入了公园内的公共空间,营造出公园的独特形象,让当地社区居民有一种主人翁感,还能吸引新的居民来此居住或者进行商业活动,让东伦敦成为世界级的旅游景点。

设计与施工

公园占地102公顷,施工期长达4年,在奥运会举办期间每天可以容纳数十万游客。公园用地的沙漏形状自然地将公园分成南北两个部分:北部更贴近天然生态环境,南部更注重都市娱乐性。未来这里将发展成东伦敦的"南岸"。这两个部分通过经过改建的5000多米长的河岸连接起来。

景观设计以公园内的水系为主体,提高水体的可见性,拉近水与人的距离。对公园北部的设计侧重生物多样性,而南部则打造成都市娱乐空间。奥运融入生活,生活融入奥运。

公园北部的设计原则

临河生态公园:重新规划了河岸,实现沿河绿色空间最大化,拉近人与河的距离。

塑造地形:利用公园用地上产生的可循环使用的材料打造独特的地形地貌。建立与水系的视觉联系。

生物栖息地:树木、林地、草甸和湿地扩展了当地的生物多样性。

1. 原来的基地情况
2. 原来的桥梁与运河

2012 年伦敦花园效果图

河流远眺效果图

施工期间主要步行桥效果图

名为"透镜"的迷你开放式空间

居民休闲: 可以举办各种休闲娱乐活动, 是当地社区居民的休闲娱乐枢纽。
地表水处理系统: 有生态沼泽、湿地和池塘。

公园南部的设计原则

城市环境: 活动场地能满足各类人群的使用。
整体的公园: 公园南部和北部之间有衔接。
生态: 延续了公园北部的河谷景观特色。

2012年伦敦花园——园艺设计的文化影响: 英国传统园艺、生物多样性和生物栖息地。

设计的关键因素是利河的改造。利河的河道曾经用作运河, 现在要改造成新的生物栖息地, 控制洪水泛滥。因此, 约5500户人家不得不从"洪水危险区"般离。90%的拆迁废料实现了循环利用, 让本案在每个阶段都能尽量少产生废弃物。

开放式空间不仅降低了河谷处洪水泛滥的风险, 而且丰富了当地的生物多样性。改造后, 50%的公园用地都成为生物栖息地。

1. 2012年伦敦花园实景图
2、3. 经过修复的利河河道、起伏的地势、壮观的草坪以及由霍普金斯建筑事务所 (Hopkins Architects) 设计的奥林匹克自行车馆 (Velodrome)

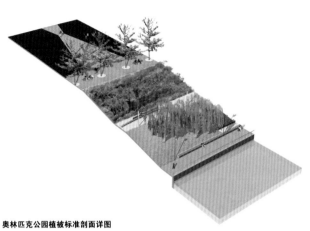

奥林匹克公园植被标准剖面详图

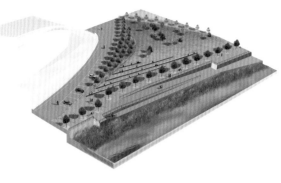

水上运动项目

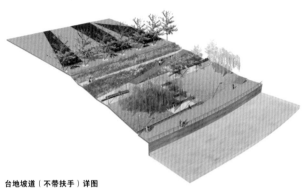

台地坡道（不带扶手）详图

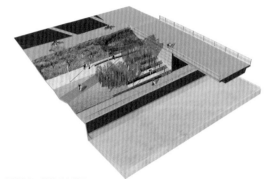

大路护墙（不带扶手）详图

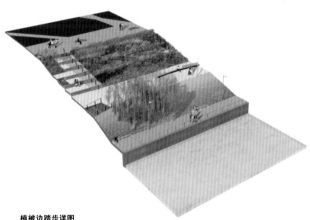

植被边踏步详图

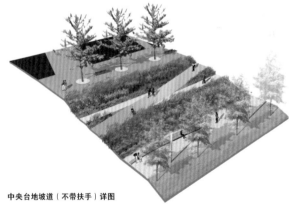

中央台地坡道（不带扶手）详图

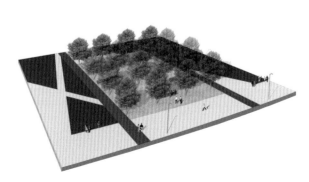

广场铺装剖面图（修改图）

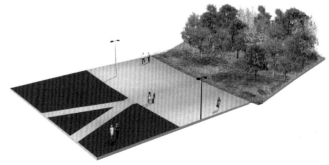

广场铺装剖面图

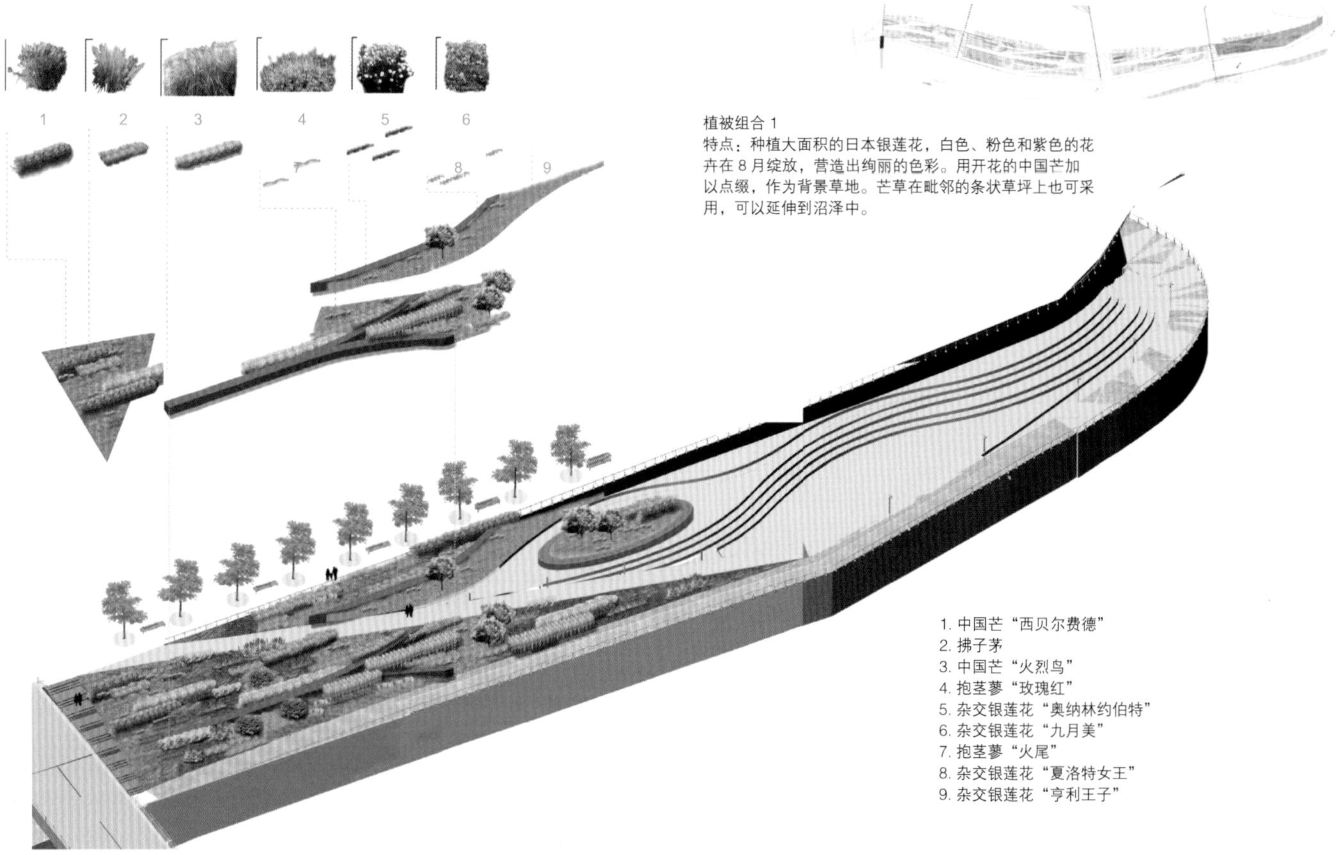

植被组合 1
特点：种植大面积的日本银莲花，白色、粉色和紫色的花卉在 8 月绽放，营造出绚丽的色彩。用开花的中国芒加以点缀，作为背景草地。芒草在毗邻的条状草坪上也可采用，可以延伸到沼泽中。

1. 中国芒"西贝尔费德"
2. 拂子茅
3. 中国芒"火烈鸟"
4. 抱茎蓼"玫瑰红"
5. 杂交银莲花"奥纳林约伯特"
6. 杂交银莲花"九月美"
7. 抱茎蓼"火尾"
8. 杂交银莲花"夏洛特女王"
9. 杂交银莲花"亨利王子"

亚洲温带植被示意图

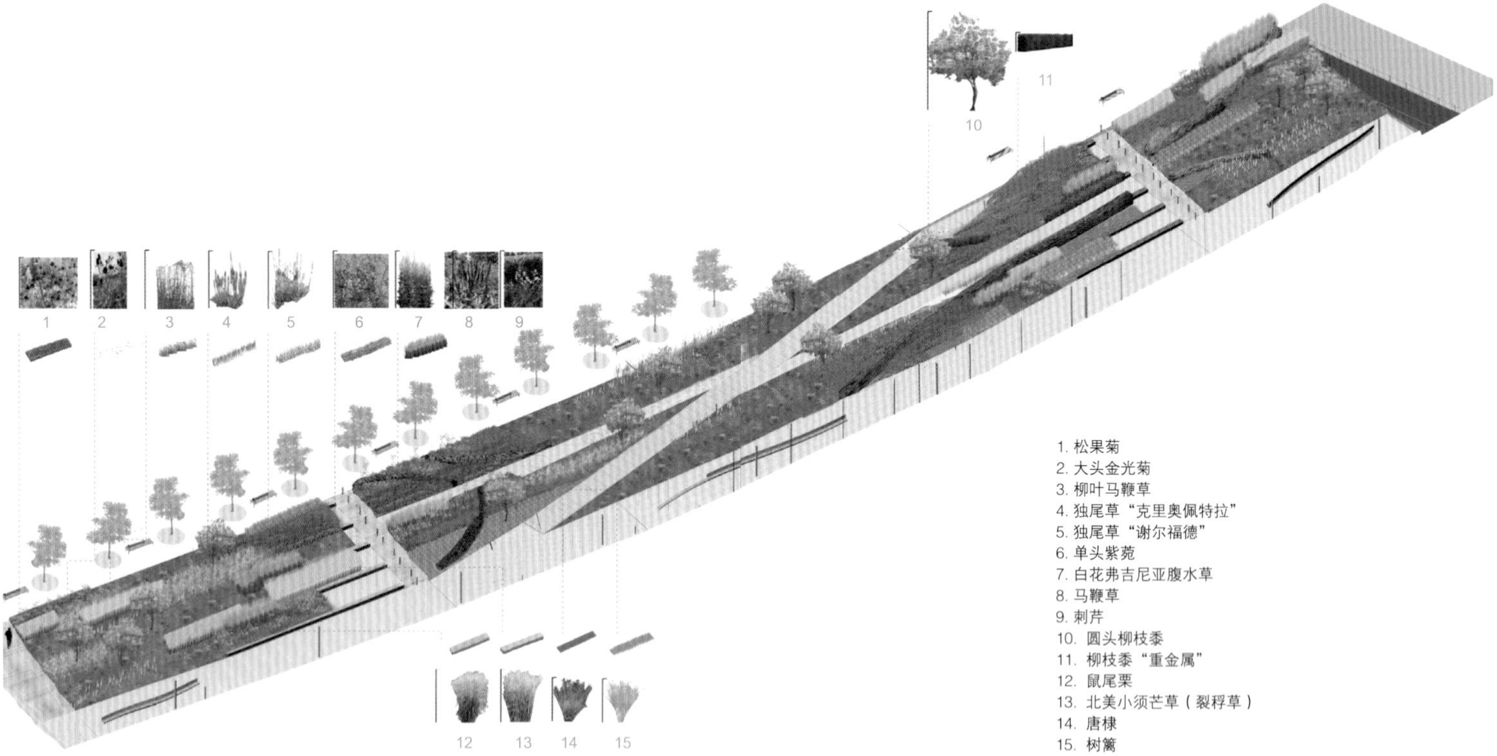

1. 松果菊
2. 大头金光菊
3. 柳叶马鞭草
4. 独尾草"克里奥佩特拉"
5. 独尾草"谢尔福德"
6. 单头紫菀
7. 白花弗吉尼亚腹水草
8. 马鞭草
9. 刺芹
10. 圆头柳枝黍
11. 柳枝黍"重金属"
12. 鼠尾栗
13. 北美小须芒草（裂稃草）
14. 唐棣
15. 树篱

美洲温带植被示意图

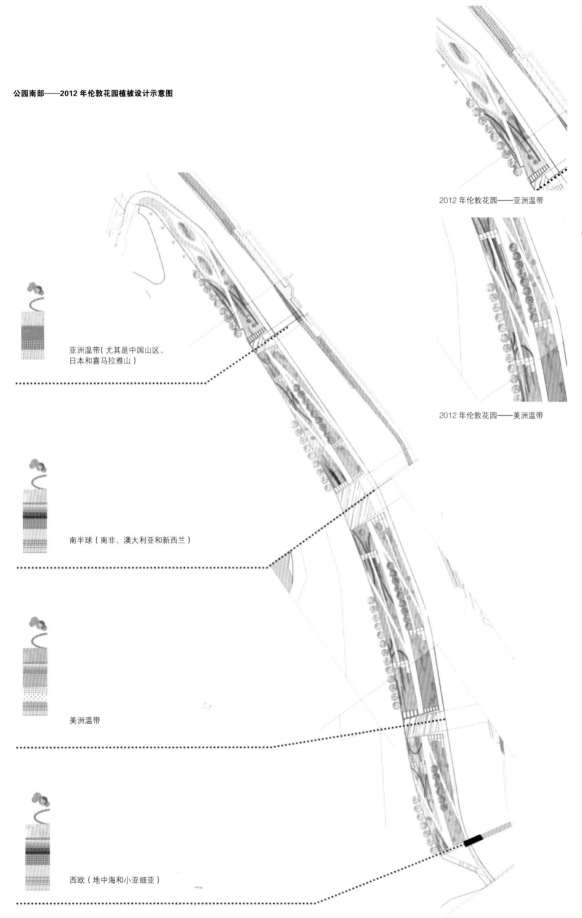

公园南部——2012 年伦敦花园植被设计示意图

亚洲温带（尤其是中国山区、日本和喜马拉雅山）

南半球（南非、澳大利亚和新西兰）

美洲温带

西欧（地中海和小亚细亚）

2012 年伦敦花园——亚洲温带

2012 年伦敦花园——南半球

2012 年伦敦花园——美洲温带

2012 年伦敦花园——西欧

广场是公园内的重要空间，连接着公园入口和所有场馆，每天为上百人提供安全、舒适的通行空间。草坪提供给人们休闲的空间。园内的其他特色空间（如2012年伦敦花园和大不列颠花园等）让这座公园本身就成为一处旅游胜地。

公园内所有的艺术装置都是根据当地独特的历史和文化专门设计的。艺术装置的设置分期分批地进行，确保公园内各处都有艺术家的参与，让这座公园融入周围公共空间的大环境，让艺术与文化作为公园的重要组成部分，对当地产生长远的影响。

设计结果与评估

东伦敦彻底改头换面了——原来最具挑战性、污染最严重的棕地之一，现在变成了一座风景优美的公园，让当地社区居民离绿色空间和娱乐设施更近。

伦敦奥委会在申办奥运会时的一大宣传点就是表示奥运会结束后将保证场地的长远使用，给英国文化、体育、志愿活动、商业和旅游等方面都带来益处。

奥林匹克公园的设计旨在使其成为一张"绿地网络"，向外扩张到周围原有的绿地，将伦敦东部和西部的社区连接起来，向北一直延伸到哈克尼沼泽（Hackney Marshes），向西延伸到维多利亚公园，向南延伸到林荫大道。

本案证明了像伦敦这样的世界大都市如何利用绿色和蓝色基础设施（绿地和水系）践行可持续性建设，实现低碳环保的目标。新的河道和道路融入了周围的绿色和蓝色网络。纵横交错的运河纤道、步行道、桥梁和自行车道组成了一张交通网，连接着开放式空间，在风景优美的环境下形成了举办各种娱乐和教育活动的活力空间。

所有世界级的体育设施都将由体育俱乐部、当地社区以及运动精英进行利用。这些设施周围的运动场将进行改造，便于社区使用。

1. 2012 年伦敦花园夜景
2. 2012 年伦敦花园台地
3. "南非花园"，由 LDA 设计公司、詹姆斯·希契莫夫（James Hitchmough）、奈杰尔·邓尼特（Nigel Dunnett）和 SPL 景观事务所（Sarah Price Landscapes）合作设计

4. "亚洲花园"里的巨型台阶
5. 植物配有卡片
6. 公园北部典型的草甸
7. 鲜花盛开的草甸，由 LDA 设计公司、奈杰尔·邓尼特和詹姆斯·希契莫夫合作设计

蒂森克虏伯公司总部

景观设计：KLA景观事务所

项目地点：德国，埃森

1. 中央水池
2. 鸟瞰图
3. 克虏伯公园的"LAND"标识

正如伦敦、巴塞罗那、米兰和都灵等一批从前的工业城市一样，德国西部城市埃森也面临着重塑工业城市格局的巨大挑战。

为了复兴市中心与埃森–阿尔滕多夫区（Essen–Altendorf）之间的一片约230公顷的土地，埃森市政府与蒂森克虏伯公司（ThyssenKrupp）联手推出了"克虏伯绿带规划"（Krupp–Belt），其中包括克虏伯公园和蒂森克虏伯总部园区。由此，蒂森克虏伯回归本源的愿望得以实现：蒂森克虏伯公司始建于1811年，就在公司总部现在的所在地，如今通过重建创始人弗雷德里西·克虏伯（Friedrich Krupp）留下的遗产，公司又重新回归公众的视野。同时，埃森市的环境也得到了美化，这块土地在过去的200年间对附近居民来说一直是一块荒地。

蒂森克虏伯公司总部大楼的建筑设计由科隆市的JSWD建筑事务所（JSWD Architekten）操刀，园区内的景观设计由蓝德集团（LAND Group）旗下的KLA景观事务所（KLA kiparlandschaftsarchitekten GmbH）负责。大楼周围的空间遵循"开放式园区"的设计思路，打造成开阔的开放式空间。"绿毯"式绿化设计满足了看似矛盾的两项要求：一方面，用地地段决定了对空间密度的要求；另一方面，这座新建的大楼还要通过开放式空间和大面积绿地表现出良好的通透性和开阔性。

因此，开放式公共空间的设计对建筑设计理念来说十分关键，因为楼宇之间的公共空间一向是欧洲城市高品质形象的标志。所以，当今的景观设计是总体城市规划过程与创新的、可持续的建筑品质标准之间必不可少的衔接。

游乐场手绘图

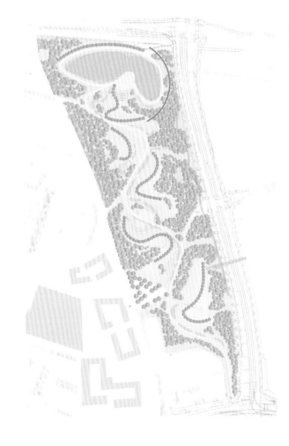

噪声隔离墙

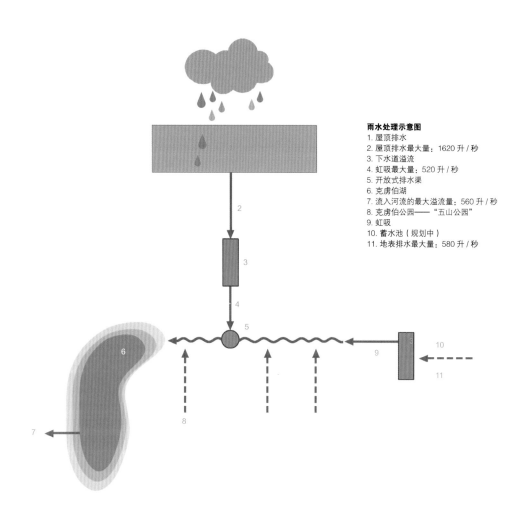

雨水处理示意图
1. 屋顶排水
2. 屋顶排水最大量：1620 升 / 秒
3. 下水道溢流
4. 虹吸最大量：520 升 / 秒
5. 开放式排水渠
6. 克虏伯湖
7. 流入河流的最大溢流量：560 升 / 秒
8. 克虏伯公园——"五山公园"
9. 虹吸
10. 蓄水池（规划中）
11. 地表排水最大量：580 升 / 秒

项目名称：
蒂森克虏伯公司总部
竣工时间：
2013年
主持景观设计师：
安德里亚斯·基帕尔
（Andreas Kipar）
建筑设计：
JSWD建筑事务所（德国科隆）
面积：
20公顷
摄影：
KLA景观事务所、马塞尔·韦斯特
（Marcel Weste）、蒂森克虏伯公
司、卢卡斯·罗斯（Lukas Roth）

园区内开放式空间的设计遵循蒂森克虏伯总部的整体规划方案，根据各种不同的用途进行了具体的划分。用地中央狭长的积水盆地凸显了主楼现代化都市的建筑特色，同时形成了园区内绿化设计的框架。园区内种植了700棵树木，界定了空间，创造了新的视野，也为园区带来丰富的形式和色彩。由此，园区内的景观在"绿毯"与建筑之间建立了良好的视觉联系和空间衔接。

将植被视为一种建筑结构
植被包括灌木和乔木，越靠近公园中央就越轻盈。从公园到蒂森克虏伯总部大楼以及阿尔滕多夫区，形成若干视觉轴线。

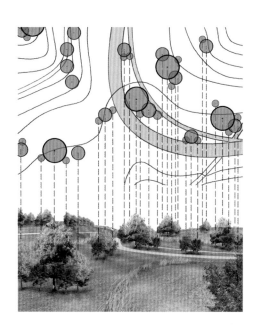

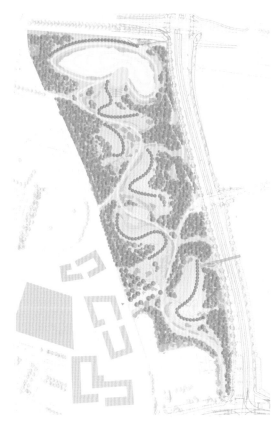

1. 利用湖泊收集雨水
2. 雨水排放的暗渠

湖泊效果图

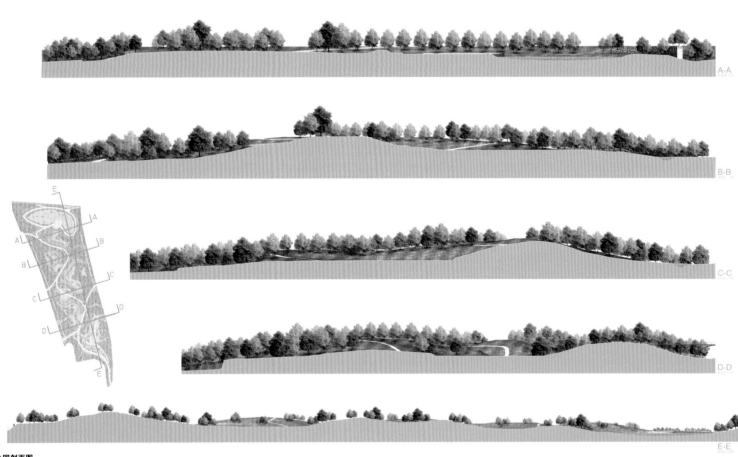

A-A

B-B

C-C

D-D

E-E

公园剖面图

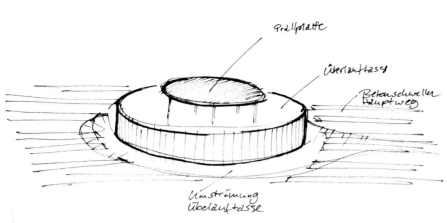

SKIZZE ÜBERGABEPUNKT DÜKER

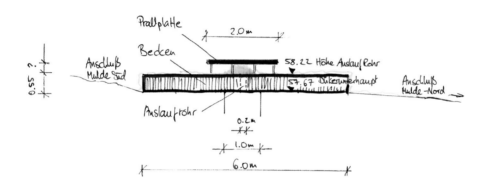

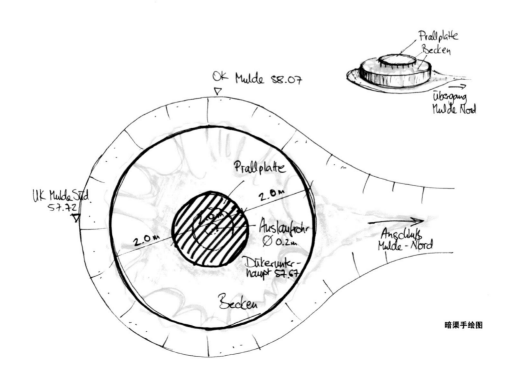

暗渠手绘图

1. 钢边（ST 37/2, 125/6/ >500 毫米）
2. 混凝土基座（C 12/15）
3. 2 厘米碎石（0/4）
4. 4 厘米石屑（2/5）
5. 30 厘米砂砾层（0/32）
6. 草坪

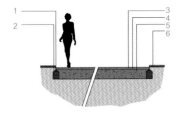

剖面图——小径、滨水铺装与钢质路缘

1. 45 厘米净沙（0/2）
2. 混凝土板（规格：40 厘米 ×40 厘米 ×5 厘米）
3. 排水保护层（300 克 / 平方米）
4. 20 厘米砂砾层（0/32）
5. 塑料排水管（DN 100）
6. 支撑混凝土（C 12/15）
7. 回收橡胶材料制成的边缘
　（规格：100 厘米 ×5 厘米 ×25 厘米）
8. 草坪

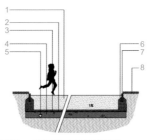
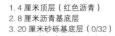

剖面图——沙地游乐空间与橡胶路面

1. 3 厘米铺砂层（0/4）上方的混凝土铺装石
　（规格：20 厘米 ×10 厘米 ×8 厘米）
2. 2 厘米碎石（0/4）
3. 4 厘米石屑（2/5）
4. 30 厘米砂砾层（0/32）
5. 预制混凝土踏步（规格：150 厘米 ×35/40 厘米 ×15 厘米）
6. 5 厘米水泥砂浆层（MG Ⅲ）
7. 60 厘米现场浇筑钢筋混凝土基座（C 25/30）
8. 10 厘米颗粒状底基层（砂砾 0/32）
9. 不透水路面铺装

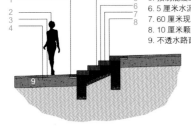

剖面图——小径与台阶

1. 4 厘米顶层（红色沥青）
2. 8 厘米沥青基底层
3. 20 厘米砂砾基底层（0/32）
4. 32 厘米霜冻保护层（砂砾 0/45）
5. 草坪

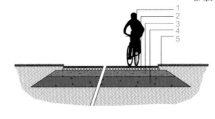

剖面图——主路与红色柏油路面

1. 1.5 厘米顶层
2. 丝网
3. 4 厘米弹性垫层
4. 3 厘米绑定基底层
5. 30 厘米未绑定基底层（0/32）
6. 支撑混凝土（C 12/15）
7. 回收橡胶材料制成的边缘
　（规格：100 厘米 ×5 厘米 ×25 厘米）
8. 草坪

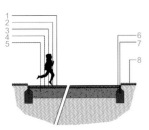

剖面图——游乐空间与橡胶路面

1. 3 厘米铺砂层（0/4）上方的混凝土铺装石
　（规格：20 厘米 ×10 厘米 ×8 厘米）
2. 2 厘米碎石（0/4）
3. 4 厘米石屑（2/5）
4. 40 厘米砂砾基底层（0/32）
5. 预制混凝土踏步
　（规格：150 厘米 ×35 厘米 ×17 厘米）
6. 现场浇筑的混凝土基座（C 12/15）
7. 不透水路面铺装

剖面图——主路与台阶

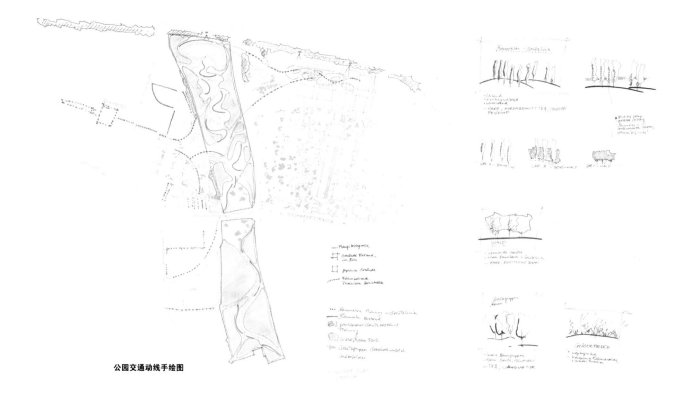

公园交通动线手绘图

除了广为人知的欧洲建筑风格以外，本案的设计还用到了欧洲景观的主要元素，如水景、草坪、小巷、树林、地面铺装和简洁大方的小广场等。为了凸显这些元素，作为背景的"绿毯"呈现出蜿蜒起伏的形式。

1. 湖泊边的高地
2. 噪声隔离墙
3. 山上可以漫步
4. 游乐场

水池效果图 + 平面图 + 手绘图

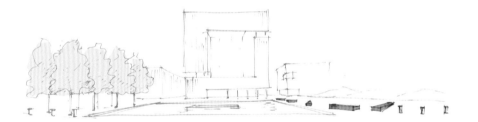

1. 公园正式开放时的盛大场面
2. "世界之巷"

积水盆地的结构有意与城市空间的正交格局不同，这里是人们聚会交流的空间。旁边是"世界之巷"——一条235米长的自然景观路。15个品种的68棵树木来自5大洲。

蒂森克虏伯区与克虏伯公园总规划图

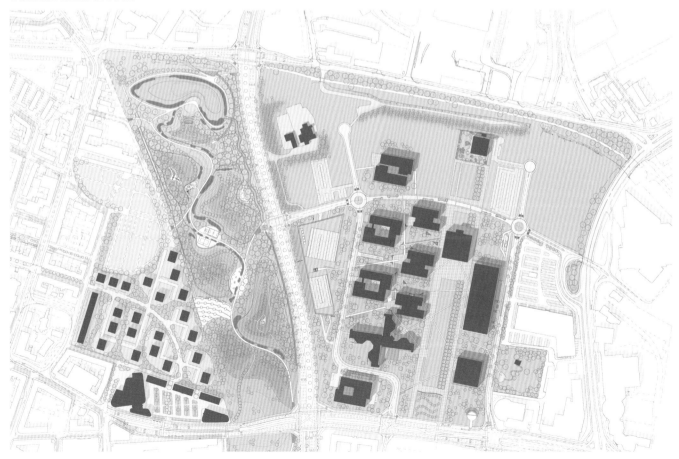

中庭剖面图 A–A

中庭剖面图 B–B

根据总部的整体规划，地面只有三分之一的面积采用铺装。按照可持续理念，园区内设计了复杂的雨水处理系统。所有屋顶上收集的全部雨水都引入附近的克虏伯公园的湖泊中。克虏伯公园的公共空间内可以进行多种活动，也是由KLA景观事务所设计的，湖泊与当地的水系相连。

新的蒂森克虏伯公司总部融合了当地的工业历史传统与前瞻性的可持续城市规划要求。它代表了一种不断发展、进步的过程，让城市凭借良好的景观设计，在可持续发展的绿色道路上不断迈进。

1. 从克虏伯公园眺望 JSWD 建筑事务所设计的蒂森克虏伯总部大楼
2. "世界之巷"

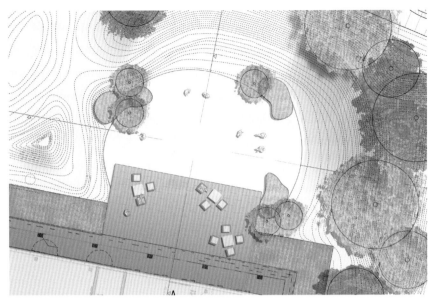

中庭平面图

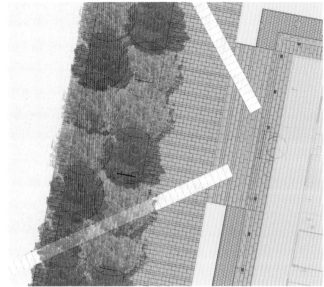

"世界之巷"平面图

手绘剖面图

德科维尔净化公园

景观设计：德尔瓦景观事务所

科维尔–沃哈丁轮船码头

科维尔–沃哈丁区（CeuvelVolharding）从前是个轮船码头，位于阿姆斯特丹北部。这里是一片污染严重的废弃土地，离市中心不远，有着自身独特的工业历史。未来，当地经济情况允许的时候，这里可以进行彻底的清理重建。而目前，阿姆斯特丹的城市发展处于停滞阶段，许多城区都在等待开发，只能允许这一地区进行较低投资的开发。

德科维尔净化公园（Purifying Park "De Ceuvel"）所在的这块土地即将摆脱废弃的状态。德尔瓦景观事务所（DELVA Landscape Architects）在该地的竞赛中中标，将与当地相关各方一起，共同规划这片土地的未来。这里将在未来的十年中成为一批创意企业的滋生地。

净化

设计师意欲将德科维尔区打造成一个创意枢纽，设计的出发点是解决土壤和水源的污染问题。挖泥船的频繁作业以及港口的各种工业活动让这块土地饱受污染，包括有机污染物和无机污染物。目前净化土壤和水源的技术非常昂贵，而且方法简单，不符合可持续发展原则（往往只是将污染物隐藏起来或者转移到别处）。"植物修复"技术提供了一种更好的方法，利用植物来进行土壤的固化，并将污染物从土壤中抽离。德科维尔区就采用了这种有机净化方法，既实现了土壤净化的目标，又不产生对环境造成污染的物质，营造出清新的景观环境。十年后，整片土地将以比现在更加清洁、干净的面貌重新归还到阿姆斯特丹市政当局的管理之下。

船屋

设计师拟将不用的船屋拉到岸上，改造成17个天然环保的工作室。在开发过程的每一个步骤中，设计师都尽量争取在经济条件允许的情况下最大程度地遵循可持续发展原则。这些船屋有隔热保温层，并配有可持续的供暖系统、绿色屋顶和太阳能电池。用地上产生的废水采用生物过滤器进行净化，废水中提取出的营养素用于植物肥料，再生产食物，实现循环利用。船屋租户和游客产生的有机废弃物（来自卫生间）也转换成能量。因此，用地无需与市政排水管道进行常规连接。

设计

净化公园内有一大片草坪，地势蜿蜒起伏，种植了草本植物、多年生植物、轮作周期短的小灌木和成熟的树木，有助于摄取土壤中的污染物。植被的种类都是设计师为这一区域精心选取的，能够适应这片工业用地的严酷环境。木板铺设的突堤码头旨在确保人不与受污染的土地直接接触。植被中间设置了蜿蜒的小径，将各个船屋连接起来。公园内植物的修剪产生的枝叶不用运到别处，而是留在原地，用作生物能量，进行再生产。用地上有一座生物蒸炼器，专门用于将这类废物转换成能再利用的能量。

项目地点：荷兰，阿姆斯特丹　　　　设计时间：2014年　　　　面积：4,000平方米　　　　摄影：德尔瓦景观事务所

效果图——鸟瞰　　　德尔瓦景观事务所、S&M 设计公司（spaceandmatter）

德科维尔净化公园施工实景照片

植被的组合形成了该地一个新的景观层次,这个层次过去是隐藏不见的。这种处理污染的方法将当地不利的历史条件转为有利条件。

德科维尔净化公园的美不在于静态景观的如画之美,而在于这个区域从过去到现在的巨大转变。附近居民和游客会被这段历史所吸引,而他们将续写这里的历史,创造这里的未来。

另一种开发模式

德尔瓦景观事务所正在探索另一种开发模式,这种模式非常注重居民和使用者的参与。对于德科维尔净化公园来说,终端使用者在最早的设计阶段就已经参与进来。他们组成了一个"德科维尔联盟",既是开发商,又是设计师,同时也是使用者。

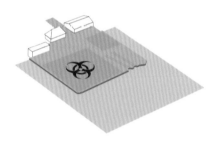
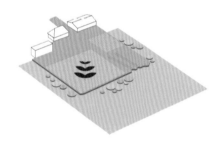
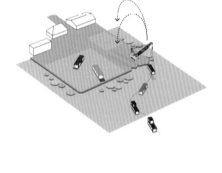
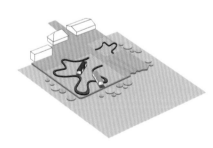
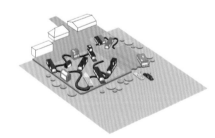

开发过程示意图
第一步:废弃的污染地准备进行修复。
第二步:净化公园建在污染的土地上。公园将在未来十年中起到净化土壤的作用。
第三步:对阿姆斯特丹不用的船屋进行再利用,设置在公园内。
第四步:架高的木板道连接起各个船屋。
第五步:污染情况得以缓解,公园内可以组织各种活动,生机勃勃。
第六步:十年后,船屋转移到别处。这块土地将以清洁的面貌回到阿姆斯特丹市政当局的管理之下。

效果图——视平线　　　德尔瓦景观事务所、S&M 设计公司（spaceandmatter）

对植物的净化作用做了深入的分析，以便
呈现一座美丽、纯净的公园。

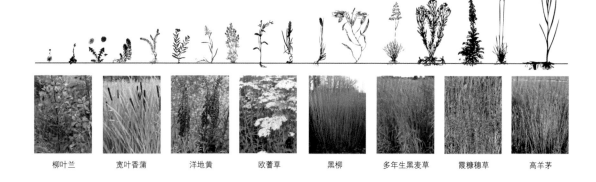

| 柳叶兰 | 宽叶香蒲 | 洋地黄 | 欧蓍草 | 黑柳 | 多年生黑麦草 | 霞糠穗草 | 高羊茅 |

"德科维尔联盟" 共同开发了一个规划案，制定了基本原则和规范，作为进一步开发的框架，个人的想法和新的思路都可以在这个框架下进行。这种 "由下而上" 的开发模式跟传统的项目开发不同，排除了无效率的参与过程。

研究与互动

德科维尔区的土地净化和生物再利用问题的研究工作在比利时根特大学（University of Ghent）进行。德科维尔净化公园将作为试验场地和试点工程，成为该校硕士和博士研究生课业的一部分。用地内有一条名为 "知识路" 的小径，展示了这些研究的成果，向游客普及园内有机净化和生物再利用的可持续发展原则。研究者、设计师、居民、政府、商人、农民和学生等各界人士将共同决定德科维尔区的未来。

土壤污染将不再是这片土地的问题，但却是当地（文化）可持续发展的创新理念与动议的催化剂。土壤和水源的净化、教育、生物再利用、创新、研究、生态、艺术与文化等方面将紧密结合在一起。

机遇

德尔瓦景观事务所将在德科维尔净化公园的设计中得出的经验应用于其他项目。德科维尔这种创新性的重建方式可以供许多这类废弃的、污染的土地来借鉴。通过这种开发，这些土地可以变成在生态、经济和社会等方面都繁荣发展的地方，而不是人人避之唯恐不及的污染区。许多闲置土地和城市中未充分开发的地方都是未来的设计机遇，都可以打造成城市公共空间的扩展。

设计师面临的挑战是如何获得商业和社会拨款，并为这两方都创造出利益。区域的激活发展能够让未充分开发的空间重新获得关注。通过适当的介入，废弃的土地可以重获价值，包括自然、娱乐、居住和工业开发等方面。土地的激活将带来经济和社会的双重效益。

因此，我们需要一种新的、更有策略性的开发方法，对这种方法来说，时间是关键。这是另一种设计方法，其目的在于赋予土地以意义。当我们对一个城区的未来发展还不确定的时候，往往进行临时性的开发。但是，什么是临时呢？万事都有时间。任何一个地方都有其生命周期。不是为临时用途而设计，而是临时和永久使用、密集和广泛使用的适当混合，才能让一个地方具备迷人的环境和灵活的用途。时间是一种工具，恰到好处地利用它才能实现具有弹性的、适当的规划，才能有既解决当前问题、又满足未来变化的需求的解决方案。

2012 年伦敦花园鸟瞰图。设计：LDA 设计公司、哈格里夫斯景观事务所；摄影：LDA 设计公司

利用棕地历史铸就因地制宜的设计

文：坎农·艾弗斯

　　棕地对城市发展的价值和重要性是无可争议的。通常，光是棕地的体量和位置就足以确保开发的增值，并为战略性基础设施的兴建带来机遇，通过合理的规划与设计，有利于城市整体的协同发展。

　　这样的土地往往曾经在历史上用于工业用途，遗留下不良的土地条件、荒废的工业遗迹以及受到污染的土壤和水系。这些地方通常面积辽阔，但是随着附近城区的发展，就像被军队包围的防御工事，命中注定要沦陷，最终成为行人和车辆通行的道路。就这样，这些广阔的、具有战略性意义的土地成了城市发展脉络中的空白，因此，这些大面积土地的改造对于城市与其战略性开发区的紧密接合来说至关重要，为城市带来新的发展机遇，为以指数方式增长的人口提供更多公共空间。

　　伦敦奥林匹克公园的所在地正是这样的情况。LDA 设计公司与哈格里夫斯景观事务所（Hargreaves Associates, Inc.）将一片原本遭受污染、杂草丛生、为人所忽视的土地改造成为举办最成功的一届奥运会的非凡场所。让这块土地焕发光彩的不是奥运会——虽然奥运本身也确实为其添彩，而是这块土地自身前后发生的巨大转变——从一块曾经过度使用、现在又遭到废弃的工业不毛之地，变成了一个绿意盎然的都市公园，这里有半成熟的树木、湿地、草甸和丰富的植被，栖息着多种多样的生物，鸟语花香，风景如画。奥运会结束后，这座公园仍然发挥着巨大的作用，为附近社区乃至整个伦敦的市民提供日常公共休闲空间。

　　要想在这块土地上举办奥运会，首先要进行繁重的清理工作。这里的土地

奥林匹克公园；壮观的草坪，起伏的地势。摄影：LDA 设计公司

情况复杂，困难重重，改造工作十分艰难。比如说，用地上数千米的输电线和架线塔需要拆除并掩埋，同时，欧洲最大的"冰箱山"（各家各户丢弃的冰箱堆积成山，已经造成极大的环境问题）也需要移除。这里有65千米的水系，多年无人治理，堆积了购物手推车、旧轮胎和其他各种废品，这次也进行了清理。这类清理工作与重新安置的准备工作同时进行，我们进行了广泛的公众咨询，希望这些物品能够转移到更合适的地方。与此同时，设计团队积极寻求适当的设计方案，不仅整体规划要能满足奥运盛会的需求，而且要考虑这块土地的彻底改造和未来长期使用。正是这种全面的设计方法为伦敦奥运会的举办铺平了道路，也为未来奥运会的设计与规划树立了新的标杆。

　　奥林匹克公园的绿地和公共空间，体量要与奥运场馆的规模相当，必须非常广阔、宏伟。由于这块土地历史上曾用于工业用途，所以必须进行土壤的清理工作，最终净化了95%的土壤，用来塑造了一系列宏伟的特色地貌。地表层以下800毫米处设置了一个"人类健康层"，确保树木和其他"软景观"有足够的种植深度。然后进行特色草甸的播种，种子在奥运会之前已经做过多年的试验，确保种子的萌发和草甸开花的效果。这种前瞻性的设计再一次证明了其

成效：草甸花卉绽放之时正是奥运会开幕以及紧随其后的奥运竞技期间。奥运会结束后，草甸仍然是公园里的一处特色景观，继续吸引着那些还沉浸在奥运盛会的火热氛围中的狂欢的人们。此外，我们在河边种植了芦苇，不仅能净化水源，而且营造出珍贵的滨水栖息地。生物沼泽也巧妙地融入人工地貌的设计中，形成一个复杂的、各部分相互交织的水文系统，能够在水流注入利河（River Lea）之前起到拦截和清理的作用。生态修复创造了新的栖息地，满足并超出了《生物多样性法案》的要求，如潮湿林地、桦树林、多年生植物花园以及植被种类丰富的草坪，此外我们还安装了500多个鸟箱和150个蝙蝠箱，为飞禽搭建了舒适的家园。最后，在重塑利河峡谷区这块曾经的工业用地的过程中，我们还为东伦敦创造了一道新的防洪设施，能够在未来起到保护公园及其周围社区的作用（由于气候变化，这一地区的水位预计将发生变化）。

　　奥运会结束后，这座公园已经重新命名为"伊丽莎白女王奥林匹克公园"。它充分证明了曾经的棕地在改造成可用空间后拥有怎样无限的价值。这座公园是欧洲一个世纪以来最大的、最重要的公园开发项目，总占地面积约227公顷，它不仅诠释了将棕地改造成公共空间的重要性，而且成为社区、绿色基础设施

和"交通走廊"之间的衔接。奥运会是东伦敦复兴的跳板，而奥林匹克公园的绿地则对此起到关键的推动作用，成为附近社区与公园东西两侧的连接桥梁，同时丰富了从北部到南部绵延42千米的滨河景观——现在这里叫做"利河峡谷区域公园"。

残奥会闭幕式结束后，用地又进行了另一番改造工作。首先进行的一系列项目旨在将奥林匹克公园改造成带有区域特色的城市公园，最近已经向公众开放，并举得了巨大成功。这是奥运会历史上的一座里程碑，也是未来其他国家申办奥运会以及其后为举办奥运做规划时可以借鉴的经验——曾经废弃的大片土地如何承载数十万观众，现在又如何变成一系列主题景观，有野餐草坪、游乐喷泉、植树区和宜人的小花园，充满孩子们的欢声笑语和全家人对这座公园热烈的赞叹，鸟鸣声悠扬响起，与"盘旋塔"（Orbit）交相呼应——安尼施·卡普尔（Anish Kapoor）设计的一座雕塑。自2013年7月以来，已有100多万人体验过这座公园，包括詹姆斯·科纳（James Corner）领导的菲尔德景观事务所（James Corner Field Operations）设计的"南部公园枢纽"（South Park Hub）。从附近的韦斯特菲尔德购物中心（Westfield）购物归来的人们必须要走过一道桥

伯吉斯公园的"雨水花园"。摄影：坎农·艾弗斯

梁，他们可以在桥上休息，一边感受公园里公共文化活动的生动氛围（如街头艺人的表演），一边眺望远处朦胧的伦敦天际线。

毫无疑问，这片从前的棕地对周围社区乃至整个伦敦都产生了积极的影响。新的"交通走廊"和基础设施保证了公园方便的交通，这里的景观以及奥运场馆的建筑，不论是品质还是规模，都适合各种年龄、有着各种信仰的人们；它是一个大熔炉，汇集了不同文化、语言和外表的人。这里总在上演着鲜活的一幕幕，熙来攘往，让人目不暇接，很难想象就在十年前，这里还是一片了无生气的土地。

根据定义，棕地是曾经用于工业用途的土地，往往处于废弃和荒芜的状态。说到棕地我们会想到一片烧焦的土地，没有任何绿色的生命，也没有鸟儿的啁啾声。而伯吉斯公园（Burgess Park）却不是这样。这座公园也在伦敦，占地51公顷，也具有一部分改造之前的棕地的特征，比如连通性较差，缺乏特色，空间没有明确的划分。LDA设计公司在这座公园的国际设计竞赛中拔得头筹，接手了这座大型城市公园的改造，并很快认识到，树木与芳草的美好外观掩盖了这片土地的本质。

事实上，伯吉斯公园其实是一块棕地，40年来一直在进行着缓慢的、零星的改造工作，希望将伦敦这一工业区（从前这里有工厂、仓库与运河）改造成伦敦的"绿肺"。第二次世界大战后，按照"阿伯克隆比规划"（Abercrombie Plan），这一地区成为伦敦东南部的战略性潜在绿色空间，某种程度上相当于巴特西公园（Battersea Park）之于伦敦西南部。战争期间，多达76枚炮弹落在伯吉斯公园及其周围的土地上，直接加速了这里为兴建伦敦南华克区（Southwark）最大的绿色空间而进行的贫民区清拆工作。

伯吉斯公园就这样以一种随意、凌乱的方式逐渐开发起来，导致公园缺乏统一的结构和特点。公园里的小山是建筑垃圾随意堆积而成，上面只盖了薄薄的一层土，几乎不足以让草皮在上面生长，更不用说树木了。传闻说，伯吉斯公园的前任首席园艺师在参加志愿者植树远足活动时会带一把鹤嘴锄，沿途清理表层土壤下的混凝土碎片。

LDA设计公司希望赋予伯吉斯公园统一的结构，通过设置布局清晰的道路，将这座公园与周围几个重要的地点连接起来。为此，我们保留了用地上90,000立方米的土壤，并利用这些土壤重新塑造了公园的地形，创造了7米的高差，让公园用地有了明显的边界，同时打造了"观景山坡"，从这里能够俯瞰下方的网球场和非正式足球场。人造地形起伏变化，也丰富了新建建筑的背景环境，切实证明了绿色空间在城市复兴的金钱游戏中体现的价值。

作为修复计划的一部分，我们完成了一份详细的土地调查报告，我们将用地划分为50米×50米的网格分别进行取样，以便确定土壤的污染程度以及关键污染点的位置。与奥林匹克公园那个项目一样，我们也设置了一个"人类健康层"，将一层清洁的土壤铺设在标记层之上。随着准备工作开始进行，设计团队却面临着两个预料之外的难题。首先，推土机在全球定位系统（GPS）导航下作业，降低了用地的地面标高（有些地方甚至能降低5米）。然而，从前工业场地的几处地基却显露出来，无法安装地面排水设施，设计团队不得不决定将地面标高恢复原样，以便达到地面排水对土壤深度的要求。第二个难题是：用地上发现了一个15米×15米的铸铁铆接结构的巨型水池，里面还残留有污染物

伯吉斯公园入口屏风和拱门，设计灵感来自项目用地 18 世纪末的道路交通布局。

伯吉斯公园起伏的地势赋予这座公园以特色，使其四季呈现出色彩的变化

和碳氢化合物。我们移除了这个水池，并安装了监测系统，以便对土地进行持续的修复，有一名地质科学家会一直监测下层土壤的质量和污染的改良程度。

棕地曾经辉煌的历史可以带给我们灵感，我们可以因地制宜，保留其遗迹，展示当地历史文化遗产。作为伯吉斯公园复兴工程的一部分，公园的两个主要入口也进行了独特的设计。入口的特色装置是一道拱形金属屏风，高3.5米，长13.5米。屏风上绘制了该地历史上工业全盛时期的道路布局，赋予公园强烈的特色。

综上所述，棕地在21世纪的城市发展中将扮演重要的角色。随着生产制造业向内陆地区转移，土地价值的攀升让开发商转向那些曾经过度使用的土地，期望从棕地投资中获得丰厚的利润。未来项目开发的这种潮流将带来珍贵的绿色空间，并为周围地区公共空间质量的改善带来机遇。要治理棕地，为重工业和制造业曾经过度使用的土地提出一个新颖的、有益于环境的改造方案，弥补我们曾经对这些土地造成的伤害，需要一支由各个领域的专家组成的团队。有了对生态、植物修复、土壤科学和水文学等领域的全面的理解，我们可以不必让开发者花费巨资，也不用对环境造成进一步的伤害，就能够成功清理土地。在土地的污染、废弃与滥用背后，往往有着深层的历史原因，正是这一层历史——如果能巧妙利用的话——才铸就了独特的、因地制宜的设计，把珍贵的公共空间回馈给社会。

坎农·艾弗斯（B. Cannon Ivers）

坎农·艾弗斯，英国景观设计师协会（LI）创始会员，英国LDA设计公司（LDA Design）合伙人，LDA伦敦分公司主创设计师。LDA是一家独立的设计咨询公司，专注于建筑、环境和可持续设计。创立30多年来，LDA的专业团队汇集了120多位设计师，设计作品遍布英国及海外，在私人与公共领域均有所涉猎。

艾弗斯的设计作品侧重三维立体手法和分析，极具现代气息。他的设计注重因地制宜，善于针对特定环境中的既定条件分析优势与不足，制定适当的设计策略。艾弗斯通常用详细的图纸和高品质的效果图来传达他的设计理念，清晰、生动而又引人入胜。通过3D技术和计算机数控制造技术（CNC），艾弗斯能够将他复杂、有趣的设计形式有效地展现出来。深入的用地分析、全面的历史研究以及现代的景观设计手法铸就了艾弗斯的景观设计风格。

闲置的废弃工厂长满郁郁葱葱的植物（地点：密歇根州底特律）

棕地——反思后工业景观

文：尼尔·柯克伍德

引言

当制造工业的工厂生产走到尽头之时，取而代之的是废弃与荒芜。许多工业化国家都有这样的大片土地，严重污染，未来充满未知。对于很多国家、城市和社区来说，对当前环境问题的关注已经聚焦到棕地的改造和再利用上来，这些曾经的工业用地通常被人遗弃，环境遭到破坏，土地受到化学污染。或者，对那些与重塑城市环境工作相关的人们来说（尤其是景观设计师），正是棕地从废弃与污染的状况变成社会、文化生活活跃的中心区的这种转变过程，使其成为社会发展变化的催化剂。棕地改造不仅意味着环境外观的改变或者简单地让过度开发、目前贬值的土地重新恢复其生产用途——也就是对过去工业环境的清理；棕地改造还有着更深层的意义，代表了设计师（尤其是景观设计师）在面

对有争议的土地时，设计方式的巨大转变。说它有争议是因为社会上对这类景观有着不同的意见，因为在工业生产过程停止后的很长时间里，这类景观往往与重工业的副产品相关，比如空荡荡的大楼和闲置的基础设施（运河、铁路、垃圾场以及有毒的土壤和地下水）。

本文关注的就是这样的土地，当前的城市景观设计、公共空间开发、"绿地"[1]和基础设施的规划与设计似乎一直忽略了这个领域——废弃棕地的改造、复兴、保护与再利用，尤其是针对这些由于历史上的工业用途而在今天受到环境的污染与破坏、生态遭到威胁、经济和社会功能失调的土地的设计。这样的土地可能由于多年的废弃不用而呈现出草长莺飞的自然景观，但总的来说还

是荒凉的，被人所遗忘，不过最终却是可以恢复的，而且其修复对于21世纪的任何一个国家来说都是必要的，而且是至关重要的。叫做"棕地"的这类土地存在于世界各地。也就是说，不仅是一个国家的各地都有，而且是各国、各大洲都有。目前对这类土地也最有争议，包括政治上、生态上、文化上、经济上和美学上，因此，这类土地的设计对于景观的环境营造和战略开发至关重要。

本文将首先简要论述关于后工业景观和棕地的几个广泛存在的问题，然后介绍目前土地的类型，以此来支持本文的观点。讨论的主题包括世界各地的棕地以及针对棕地未来的一些早期观点——棕地从曾经繁荣的工业生产用地逐渐衰落，其未来何在？棕地的设计策略和复兴规划也将进行讨论，包括这些策略和规划背后的理念，尤其是棕地修复过程中涉及的相关各方（包括景观设计师和规划师），也将详细分析。最后，本文将对棕地设计的各种理念进行总结和评论——这些将是未来几十年里景观设计行业广泛关注的课题。

当代棕地修复以及污染或废弃土地的再利用，是当今受到特别关注的话题，其原因还不仅仅在于它对于城市、社区、建筑、基础设施和开放式空间的规划和重塑的影响。虽然美国全部房地产转让的20%都是棕地，[2]这些土地的当前价值约2万亿美元，[3]目前全美国境内已经确认为棕地的有50万处，[4]我们对于棕地的广泛存在及其对城市规划、对城市土地的保护与复兴的影响，仍然感觉到一丝神秘。

如果你在全球的范围内看待这个问题，联合国1995年以来的数据[5]显示，全世界约131.5亿公顷土地中的32.2%，或是建筑用地，或是受过污染的荒地，或是公路和街道，或是不毛之地。即使做最保守的估计，即估计这32.2%当中只有1%是受过污染的荒地，其全世界的总量仍然有4046.86万公顷，无论如何想象这都是一个极其庞大的数量。然而，棕地的定义在各洲、各国、各地都大有不同，至少就美国来说，根据2002年签署成为法律的《联邦棕地法案》，[6]"棕地是一种土地不动产，由于危险物质或污染物的存在或潜在存在，其扩张、再开发或再利用可能非常复杂。"在英国，棕地是从土地规划的角度来定义的："为了现已废止的某种目的曾经开发或利用的任何土地。"这样的定义让英国大部分的土地都与棕地相关。德国新的棕地立法采用的是经济规划和环境保护这两个领域的角度。总的来说，在欧洲，棕地就是未充分利用的城市土地，不论污染与否，这样的土地的开发可以追溯到工业化初期——大体来说，在英国是1800年–1914年，在德国是1870年–1940年，在东欧和南欧的大部分地区是1900年–1970年。尽管对这类问题的关注大都发生在欧洲和北美，但亚洲最近也有了这方面的立法。比如说，中国虽然没有直接针对棕地的法律，但是已经强化了环境影响评估的立法，目前正在考虑修改《固体废物污染环境防治法》。这表明，虽然工业化过程和环境改造之间的相关性根据各国的地理、文化和立法系统而各有不同，但是全世界现在都在普遍关注这类土地，而且对它的关注在不断升温。现在就让我们来看看棕地的本质及其独有的特征和类型。

棕地

想象这样一幅画面：几栋空荡荡的废弃工厂大楼在晨曦下东倒西歪地矗立在铁丝网环绕的废墟之上，破损的柏油路面，报废的汽车……这一切形成了世俗环境与超自然世界的一种奇妙的融合，这里有冷眼看世界的现实主义，有绝望感，却也有希望。但是，这样的地方跟景观以及景观设计有什么关系呢？景观设计师如何能在这样的土地上打造成功的设计呢？

从前的钢材制造和生产工厂（地点：马萨诸塞州卢维尔）

差不多30年前，1978年，生活在毗邻尼亚加拉大瀑布的纽约拉夫运河（Love Canal）街区的900户人家，发现他们的家园就建在2万吨的有毒废弃物旁边。[7]胡克电气化学公司（Hooker Electro-Chemical Company）在1942年至1953年的十多年间，利用这里6.5公顷的土地倾倒化学废料。在历经两年的抗争后，拉夫运河社区管理委员会终于为住户赢得了搬迁补偿金。其后，1980年，美国环保局（EPA）就创设了"超级基金"，[8]旨在对美国境内预计5万处污染地进行定位与清理。接下来的几十年间，联邦政府、州政府和当地政府，包括私人企业，每年斥资数十亿美元，用来清理受到危险废弃物和有毒物质污染的土地。在这其中，就出现如下问题：

·这些棕地如何塑造了美国的地貌和景观？又会对未来的社区、城镇和区域发展有着怎样的影响？

·这些土地让我们对土地和景观的科学和美学知识的要求有了哪些变化？

·停用的军事基地、废弃的矿场、无人问津的城市滨水区、市区内的工厂和制造厂……这些土地的再开发将如何影响21世纪公众对自然与人造世界的认知？

荒凉的汽车修理厂用地（地点：马萨诸塞州萨默维尔艾伦街 49~51 号）

ASARCO 阿萨科熔炼公司（地点：墨西哥蒙特雷市）

受到污染的城市水系、化学工厂、油库、垃圾填埋场、废料堆放场、轧钢厂、冶炼厂、荒芜的滨水区、坟场、美国国防部（DOD）用地、铁路用地、工业矿区、采石场、废弃不用的加油站……这些就是棕地修复、改造和景观设计中常见的棕地类型。不幸的是，有些景观设计师在这些地方及其堆积的建筑残骸中却看到了一丝怀旧的意味，将废墟和工业残余视为独特的景致。然而，正如美国作家温德尔·贝里（Wendell Berry）所说，"那些土地上本来很容易看到的东西，不论是道路、建筑，还是废弃的铁路，任何人如果需要费力去辨别这些，那么他就看不到其中抽象的本质。这些地方的力量就在于其骇人的特性。它们是人类活动的方式、产品与结果。如果有些结果很抽象，或者不像我们以前看到的那样，那是因为没有人预料到这样的结果，或者因为没有人在乎它们看起来是什么样。没有想象力、没有情感、没有灵魂，这样的人类活动造就了这样的结果。"【9】

现在需要解决的主要问题，不是这种类型的棕地是否应该修复或者再开发，或者去梳理其法律法规的框架，不论这类问题有多么必要。现在我们亟需

解决的，是清理工作到底应该如何具体实施，尤其是其中涉及的景观设计问题。从前过度进行的制造和生产活动，包括工业废料的存放，导致了我们以前从未见过的景观环境的变化。地下水和土壤是最广泛受到污染的媒质。此外，还发现了大量其他污染物质，如污染的沉积物、地表下层羽状物质、地下储油罐、垃圾填埋沥出物和废渣等。

棕地不是最近才有的现象，也不是当前生产活动的结果。19世纪末期，在底特律、匹兹堡、芝加哥和费城这些城市的河岸边，为城市积累着财富的工厂日夜赶工，生产锻铁、纺织品、钢和机车等工业品，导致今天这些地方污染过重，土地无法使用。

在景观设计领域，早期曾经出现过一批代表了公共健康和卫生运动的知名设计师。比较重要的有美国景观设计大师弗雷德里克·劳·奥姆斯特德（Frederick Law Olmsted），他曾经尝试去处理水系污染、卫生工程、开放式公共空间和城市规划等问题。在"绿宝石项链"项目中（Emerald Necklace Project，1878年的规划勾勒出来的绿化框架），一条蜿蜒的绿道连接着一片棕地与查尔斯河盆地（Charles River Basin）。【10】然而，这个项目直接将污染的土地进行覆盖，梯田河岸、水系和小路都原样保留。最终的景观设计反映了当时那个时代的品位和审美——通过打造林地自然景观，采用一体式方法解决公共健康、水利工程和城市便利设施的问题，来对过度拥挤的城市中心区进行补救。今天，废弃的工业用地是城市环境中所剩的唯一能够兴建新公园的地方了。在工业时代时期，城市中几乎没有什么开放式空间，大批人群聚居在城市里，因为这里能找到工作。缺乏良好的公共空间，即便在今天，也仍然是个问题，促使很多人又离开城市。随着工业盛世的结束，遗留下来的棕地为改善城市环境的居住品质带来的机遇。从这个角度上说，建设良好的公共空间与兴建新的家园或工作场所一样重要。开发城市公园能够让棕地摇身一变，成为市民重要的休闲场所，这里可以遛狗、慢跑、玩滑板、骑自行车，或者在星期天的下午踢一场球，也可以举办集体活动或音乐会。

策略

16年前，在1998年，就在距离"绿宝石项链"项目不到2000米的哈佛大学设计研究生院，笔者组织了一次展会活动，名为"工业制造用地——当代棕地改造技术国际景观会议与展览"，【11】讨论的话题主要是如何为棕地这类建筑环境规划出现代化的前景。这次展会汇集了国际上一大批科学家、土木工程师、环境工程师和景观设计师，展示了最新的研究成果和最近棕地改造项目的案例分析。许多项目，如滨水区、湿地、大型基础设施景观以及水和废弃物的治理，都进行了重点介绍，挑战了当时传统的设计实践和思路。

这次大会的意图在于让设计实践者、专业学者和学生能够认识并讨论当前对这类土地开展创造性设计和学术研究的重要机遇。大会上分析了几个案例，详细展示了景观规划和设计逐步开展的过程，包括对污染的地下水和土壤的实地治理工作，有些关注的是复杂的基础设施或工业用地上的环境治理的模式，有些展示了当前土地再利用的规划和设计中的先进成果。

大会上展示的棕地综合设计模型包括：德国蒂森钢铁厂（Thyssen Steelmill）用地开发的杜伊斯堡北景观公园（Duisberg North Landscape Park），由汉堡著名的景观设计师彼得·拉茨（Peter Latz）设计；波士顿港的奇岛垃圾填埋地（Spectacle Island），由当地的BR&R景观事务所（Brown and Rowe）设计。后一个项目用地的情况尤其糟糕：数百万吨的废弃物通过船运输送到港口上，在黏土层、土工织物栅栏和挡土墙的覆盖和遮挡下污染着这片土地。

切尔西神秘河沿岸福布斯印刷厂（Forbes Printing Works, Mystic River, Chelsea）河岸上的工业污染（地点：马萨诸塞州波士顿）

废金属和汽车零部件废品转移基地（地点：韩国大邱）

对其他建筑工地上的废弃物和有毒物加以利用，塑造人工地貌，利用当地的风力和水力……这片土地是垃圾填埋过程的产物，一直用上述借口掩盖着土地的真实情况。这里的情况跟景观设计师乔治·哈格里夫斯（George Hargreaves）设计的美国加州的垃圾填埋场改造项目"拜斯比公园"（Byxbee Park）极为相似。设计师通过技术改造，将城市垃圾变成小山，融合了缓解用地压力、用地修复、再利用、教育等多方面的要求，同时充分发挥了景观设计塑造"土地的艺术"的潜能。然而，时至今日，关于设计中所采用的技术与土壤中目前存在的来自垃圾的污染物之间的关系，几乎没有什么研究和评论。对于超出美观要求之外的土地改造，呈现出来的景观效果与土壤中的污染，两者之间似乎存在矛盾。

哈佛设计研究生院举办的这次展会活动确立了针对棕地项目的三大改造策略。首先，通过紧急关闭与清理技术对用地进行处理，包括对污染物的大规模挖掘、地下污染物的深层封存以及地下水污染物的垂直处理。这些都是在棕地上兴建景观或进行房地产开发所必须的基础工作，而且对时间有严格的要求。这些工作的成功与否取决于对空间美化和污染隐蔽效果的衡量，设计师的图纸和效果图是以修复工作以及最终设计的短期成效为目标的。

第二大策略比较有风险，主要是对从前的工业用途进行改造，进行商业上的再开发。这种方法通常要进行大规模的用地清理工作，或者拆除用地上的部分建筑，或者对土壤和地下水进行选择性的净化，因地制宜采用个性化的设计策略，打造新的商业设施，包括花园、庭院和城郊绿化带等。近年来，住房开发成为一个新兴的改造趋势，通常伴有多功能的配套开发项目，包括娱乐设施和社区服务设施。

第三种策略将棕地改造视为对基础设施的投入，而不是一种环境改造技术。在这种策略中，景观实践是由一系列因素共同决定的，包括交通、环境、文化以及临时性因素（大型用地的土地功能划分中常常涉及临时性用途）。这种改造所需时间相对较长，土地的转变是一点点逐渐进行的，并在其演进过程中与交通基础设施、滨水生态系统、社区的发展和文化资本的积累等融为一体。

结语

棕地改造这类项目未来的重要性在于为景观设计的新理念提供了源泉。现在，城市景观设计领域似乎总有一种"道义压力"。景观的媒介，不论是植物、石材还是水，在这种"道义审视"之下被认为是"自然的"，因此代表了一种"天然的真实"，与城市环境中的"人造文化景观"和棕地改造项目的情况相反。即使是对这些棕地项目的最草率的分析也会对新建和重建的地表和水系加以评说。事实上，景观设计师着手进行设计的这片土地已经变成了一种"修辞的产物"，一种虚构的谎言。道义的制高点在制约着景观设计，一切都向"天然"看齐，这一点是需要质疑的。现在，有关城市棕地设计中如何表现"自然"或者用什么来代表"自然"，出现了两个问题。社会全体公民，尤其是那些涉足21世纪上半叶建筑环境的规划与设计的人们，他们的核心工作之一是处理前几个世纪工业化的遗产。因此，景观设计师如何对特定地点的棕地的历史进行重新诠释（不论其本质是自然的、工业的还是文化的），就成为我们面对的问题。另外一个问题是：如何通过设计将棕地变为融入周围城市脉络的人造文化景观？我们应该用更加开放的视角来看待这个问题，而不是为老套的"向自然环境看齐"所囿，当然也不要为周遭时常变换的建筑环境所左右。我们要打造的是"自然环境"和"建筑环境"相互重叠的一个新型环境。这是针对现代棕地环境设计的一个具有挑战性的新范式，它把注意力放在现实的"有机系统"与"人工系统"二者微妙的关系上，让我们超越对古朴的工业用地的简单怀旧之情，超越对土地不良现状的厌恶之意，高瞻远瞩地规划棕地的未来。

注释:

1. 这里的"绿地"是针对"棕地"而言的,指的是非工业土地、农业土地、乡村土地或者之前未有建筑兴建的土地。虽然在定义上不够准确(比如说,也有乡村棕地),这一术语仍然广泛用来指代城区以外的替代性开发用地。还有一个术语"灰地",指的是那些虽然经历了开发却没有出现受到污染或遭到严重破坏的情况的土地。

2. 数据来源:R·萨特勒(R. Sattler),波士顿PB&L律师事务所(Posternak Blankstein and Lund)。

3. 数据来源:R·萨特勒,波士顿PB&L律师事务所。

4. 美国统计局发布了棕地总量的数据。但是即便做最乐观的估计,这一数据仍然可疑。

5. 1995年《联合国土地使用报告》。

6. 又称"107–118号公法"(H.R. 2869)——《小型企业救助责任与棕地复兴法案》。

7. 关于拉夫运河与胡克化学公司事件的背景信息,可参见阿兰·马祖尔(Alan Mazur)的著作《危险调查——拉夫运河的罗生门效应》(A Hazardous Inquiry: The Rashomon Effect at Love Canal),哈佛大学出版社,剑桥,1998年出版。

8. "超级基金计划"(Superfund Program)的首要目标是缓解并消除关闭或废弃的危险废弃物堆放场对人类健康和环境造成的威胁。危险废弃物带来的威胁、危险废弃物堆放场的特点与清理方法以及当地社区在清理过程中扮演的角色,"超级基金计划"就是美国环保局针对这些问题采取的对策。

9. 引自《荒地——反思被毁灭的景观》(Wasteland: Meditations on a Ravaged Landscape),大卫·汉森(David T. Hansen)著,光圈出版社(Aperture Press),1997年出版。

10 奥姆斯特德的设计理念是打造一连串的公园,让波士顿人能够徜徉在数千米的绿色景观之中——虽然其中许多公园都非常小。新公园拟与原有的波士顿公园(Boston Common)、"公共花园"(Public Garden)和联邦大道(Commonwealth Avenue)相连。有些地方对于公园开发来说面积过小,则设计成风景车道,即加宽的马路,两边种植行道树,树木的枝叶伸展到道路上方。在1881年给监事会的报告中,奥姆斯特德把这一连串公园称为"绿丝带"。不过,多年来这个项目却以"绿宝石项链"的名字而为人所知。

11. "工业制造用地大会"于1998年4月在哈佛设计研究生院举行,为期两天,包括论文宣读和专题讨论会,与会者包括来自世界各地的工程师、科学家、设计师和政府监管方的代表,共同探讨后工业景观的问题、机遇与制约。

尼尔·柯克伍德(Niall G. Kirkwood)

尼尔·柯克伍德,哈佛大学设计研究生院(GSD)终身教授,自1993年起在该校专职任课,教授景观设计与技术。柯克伍德还是技术与环境中心(哈佛设计研究生院下属的一个研究、咨询和教育机构)的创始人兼主管。在教学和研究工作之外,柯克伍德教授还就一系列主题发表了许多作品,如设计、环境和土地的可持续再利用(包括城区开发、垃圾填埋、矿区改造、环境改造技术和国际土地开发等)。

柯克伍德教授的英文出版物有泰勒弗朗西斯出版集团(Taylor Francis)劳特里奇出版社(Routledge)出版的《制造工地——反思后工业景观》(Manufactured Sites: Rethinking the Post-Industrial Landscape)、艾兰德出版社(Island Press)出版的《棕地改造法则》(Principles of Brownfield Regeneration)和劳特里奇出版社出版的《植物——土地修复与景观设计的法则与资源》(PHYTO: Principles and Resources for Site Remediation and Landscape Design)等。

库尔特·卡伯特森
（Kurt Culbertson）

库尔特·卡伯特森，美国景观设计师协会理事（FASLA），DW景观建筑设计和规划研究事务所（Design Workshop）负责人、股东、董事局主席。DW事务所自创立以来，在卡伯特森的领导下，在美国国内和国际上都取得了巨大的成功。卡伯特森带领他的设计团队，创造了独特的"DW式设计法"（DW Legacy Design®）。这种设计方法注重社会的可持续发展，不仅重视经济上和财政上的发展，而且关注对环境的修复和美化。卡伯特森的设计团队为许多地区重塑了环境形象，也为多地的交通规划与设计提供了最佳方案。卡伯特森带领DW事务所为美国及海外的项目再开发、城市规划以及与交通有关的规划项目贡献了智慧和力量。

作为建筑业的活跃分子和历史学家，卡伯特森曾多次发表作品和观点，还曾在国际场合发表过针对可持续发展和城市历史等问题的演讲。除了在本行业内积极活动外，卡伯特森还在其他许多方面为社会做出贡献，曾任美国青年总裁协会（Young Presidents Organization）落基山分会主席和文化景观基金会（Cultural Landscape Foundation）联席主席。卡伯特森还在多所高校坚持举办DW事务所的"设计周"活动，并定期参加美国景观设计师协会（ASLA）的年会。

棕地修复：环境、经济与社会
——访美国景观设计师协会理事库尔特·卡伯特森

景观实录：在您看来，什么是棕地？

卡伯特森：所谓棕地，就是从前是工业用地，受到过某种程度的环境污染。有可能是有毒物质的污染，设计中必须进行覆盖，且很难修复；也可能是其他类型的污染，可以通过各种手段进行修复。

景观实录：棕地如何对人类产生影响？为什么说棕地的再开发至关重要？

卡伯特森：棕地会以多种方式对人类造成影响。最早的住宅开发区不会选在毗邻工业用地的地方，除非是为低收入人群而建，他们住不起远离污染的住房。如果工厂倒闭或者搬迁，留下的不仅是污染，还有失业问题。这样一来，设计师面临的挑战不仅包括清理用地并赋予其新的用途，而且包括刺激经济发展，帮助毗邻地区恢复经济活力。

拉斐特绿廊：公众积极参与

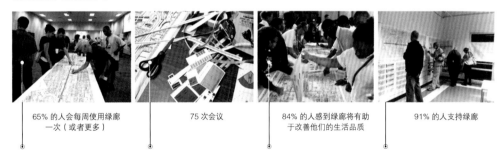

65% 的人会每周使用绿廊一次（或者更多）　　75 次会议　　84% 的人感到绿廊将有助于改善他们的生活品质　　91% 的人支持绿廊

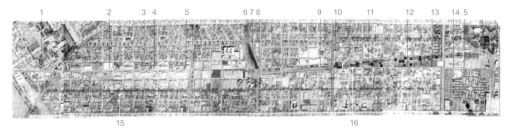

公众对拉斐特绿廊项目的设计和施工给予了巨大支持，让本案真正成为多方努力的结晶，包括市政府、利益相关者、社区成员和设计团队。

1. 小路顶端
2. 标志
3. 与城市公园相连
4. 道路
5. 图书馆、杂货店
6. 皮艇设施
7. 排球场地
8. 河口道路
9. 湿地
10. 餐厅
11. 社区花园与果园
12. 水景
13. 棒球（足球）场地
14. 自行车租赁处
15. 0.4 千米的绿廊，为 13,583 居民服务
16. 12 个游戏场地

景观实录: 您认为废弃的工业用地能够改造成健康的、可持续的绿地吗? 景观设计师在棕地改造项目中扮演着什么样的角色?

卡伯特森: 景观设计师对于棕地来说扮演着十分重要的角色。首先, 我们要进行全面、彻底的环境分析, 了解用地的污染情况。其次, 我们在用地修复策略的制定当中要起到领导的作用, 这其中可能涉及其他专业领域, 也可能涉及植物修复(利用植物来清除污染物)。第三, 景观设计师要为用地规划新的用途, 要能够促进当地的经济发展, 改善环境品质。第四, 景观设计师可以利用生态设计原则来修复生态系统, 包括改善空气和水源质量、解决雨水处理问题、创造野生生物栖息地等。最后, 景观设计师可以建立一种度量系统, 用来评估设计在经过一段时间的检验后是否成功, 在这个过程中我们可以学到很多新东西, 以期在未来有所提高。

景观实录: 您觉得是否有必要保护用地的历史遗产? 如何兼顾新功能的开发与历史遗产的保护?

卡伯特森: 景观设计师面对棕地开发时可以采取多种设计方法。其中一种就是直接进行清理, 将棕地上所有的工业痕迹抹掉。然而, 如果能让大家知道一块土地过去的用途, 包括土地清理的始末原由, 是有其特定的教育意义的, 能够告诫人们未来避免让工业开发污染环境。呈现出用地的历史, 能对公众起到这种教育作用。

景观实录: 棕地上的一切都是需要清除的吗?

卡伯特森: 这完全取决于污染的类型和程度。有些化学物质和污染物相对来说容易修复。有些要想修复就很昂贵, 而利用植物来进行长期的处理则可能是最划算的。用地的工业历史留下的痕迹也可能在再开发中进行巧妙的利用。有些人会觉得古老的工业遗迹拥有雕塑一般的魅力。所以设计策略要根据用地的基本情况而定。

景观实录: 能否介绍一些棕地开发中用到的重要修复技术?

卡伯特森: 修复技术多种多样, 非常复杂, 这

拉斐特绿廊: 植被设计
对新奥尔良景观类型的深入分析显示了拉斐特绿廊与"复兴走廊"之间多样化的生态交错带。立面图上体现出的微妙差异揭示了哪些植被种类可以在这个复杂的环境中旺盛生长。

| 沼泽 | 湿地 | 洼地硬质木材树 | 天然堤岸 | 新奥尔良市 | 沿岸草原 |

里很难详细介绍。总的来说，像多氯联苯（PCB）这样的化学物质对人类来说毒性很强，不容易修复。受到这类污染的土地一般最好采用覆盖法，不让人接触到有毒物质。其他的污染物（如铅和砷）可以有效"固定"在土壤中，不会污染地下水，造成进一步的危害。有些化学物质（如石油化工产品），根据其复合成分，可以用多种方式加以修复。景观设计师要与环境科学家和其他领域的专家紧密合作，以便了解污染的类型，进而针对用地上发现的污染物制定特定的修复策略。

景观实录：不同种类的修复技术在时间上有何区别？比如清理污染土壤或者生物修复（植物修复）等；费用如何？

卡伯特森：像生物修复这样的技术可能需要数十年的时间。必须仔细选择能够起到"超级蓄能器"作用的特定植物——也就是说，这些植物要能够非常迅速地吸收污染物。一般来说，这种修复不会是快速的过程，费用主要是用在选择恰当的植物所花的时间上。其他的修复技术——如土壤污染物解体法和清理法等，如果植物修复法等其他方法不起作用的话，那么这些技术就很有必要了——可能需要寻找另外一块合适的土地用来处理污染物，否则的话你只是把污染问题从一个地方转移到另一个地方而没有解决。覆盖法可能需要进行仔细的用地规划，让新建的道路和建筑成为一层永久的覆盖物。极度污染的土地，尤其是核废料污染，可能最好的办法就是使其回归自然，防止人类靠近。这样的地方可能需要数千年才能恢复，这要取决于污染的类型。

景观实录：您公司的许多棕地修复项目都做得很好。这类项目最令您感兴趣的地方在哪？

卡伯特森：能够治愈一片土地，修复前人犯下的错误，这个过程很有满足感。修复棕地能带来很多益处，为城市发展铺平道路。新的开发项目可以在这些地方动工，不必占用珍贵的耕地，不用让农民迁居来给新开发项目腾出地方。此外，用地的清理还能改善周围街区的居住环境。而且，这是一项在技术上具有挑战性的工作，这一点也让它更有趣。

景观实录：作为团队的领导人，如果现在接到一个棕地开发的项目，您会组建一支什么样的团队？

卡伯特森：拥有一支全面的团队，这一点非常重要。根据用地拟定的新用途，团队里可能需要建

拉斐特运河

原来的市属建筑改造成了露天凉亭，周围有社区花园，能够收集雨水，让老建筑重获新生。拉斐特绿廊的设计通过纳入历史悠久的建筑，实现了经济上的可持续发展，并为社区活动提供了适当的场地。
拉斐特绿廊：休闲设施

用地鸟瞰图

拉斐特公园

筑师、土木工程师、市场顾问、交通规划师以及其他方面的设计顾问。针对特定的棕地问题，还可能需要工艺地质学、植物修复、地下水等方面的专家（因为污染物不仅会影响土壤，也会影响水源）。城市环境野生动物专家的意见也很有价值。在我们看来，解决关于棕地的问题必须不仅满足政府关于治理污染的要求，而且要真正去积极寻求能够清洁土地的方法。我们在很多国家都发现这样的现象：在解决棕地污染的过程中，会涉及各种规章制度、行政程序和批文，而这样繁复的官僚机制最终却未能带来一片清洁的土地！我们必须牢记，我们的目标是为子孙后代改善地球的环境和我们的城市环境，而不是简单的只要符合环境规章制度。

景观实录：在您的职业生涯中，有没有什么特别的人曾经对您产生重大影响？您认为什么是成为一名优秀景观设计师的关键所在？

卡伯特森：在我的职业生涯过程中，我曾经受过许多人的影响，未来也将继续受到每一代新的景观设计师的影响，虽然他们比我年轻得多，但却能给我信心，让我相信我们的行业和我们的世界都在良好地发展。我的朋友们会告诉你，我经常向我的教授罗伯特·赖希博士（Robert S. Reich）求教。赖希博士是美国路易斯安那州立大学的教授，该校景

观系的创始人。他教会我认识到景观设计不仅仅是一种职业，而是一种追求。我的意思是，这是一个神奇的职业，我们为我们的星球服务，为广大市民服务。我们有机会对世界做出积极有益的贡献，我们必须全力以赴完成这项使命。

景观实录：您目前或者在不久的将来要做的有什么特别的项目吗？

卡伯特森：有几个很有趣的项目，比如得克萨斯州休斯顿市的自然中心与植物园再开发项目和路易斯安那州拉斐特市新中央公园再开发项目。这两个项目跟拉斐特绿廊（Lafitte Greenway）项目一样，都是针对如何让自然回归城市的探索。不仅是简单的营造美观的景观效果，而且要修复生态系统的功能，用切实的数据来证明水源和空气质量以及野生生物栖息环境得到的改善。我们想要清楚地知道我们的设计是如何影响附近街区人们的健康和活动的，又是如何促进社会经济健康发展的。我们相信，当环境、艺术、社会与经济同土地与社会的需求和谐结合，就会产生神奇的环境，这样的环境能够洗涤人们的心灵，兼顾可持续性与美观性，兼顾意义与品质。这就是我们的"DW式设计法"——将环境、社会、经济和艺术的问题进行全面的综合。

布鲁斯·汉斯托克
（Bruce Hemstock）

布鲁斯·汉斯托克，加拿大景观设计师协会会员（CSLA），不列颠哥伦比亚省景观设计师协会会员（BCSLA），波士顿景观设计师协会会员（BSLALEED®）。汉斯托克是加拿大不列颠哥伦比亚省和美国马萨诸塞州的注册景观设计师，是经过美国绿色建筑委员会LEED认证的专业景观设计师。

汉斯托克是PWL景观事务所（PWL Partnership Landscape Architects）合伙人，拥有30多年的从业经验，经手过波士顿、多伦多和温哥华的诸多项目。PWL景观事务所在温哥华的多个城市开发项目中，汉斯托克都在设计和市政审批过程中担任领导职务，并负责施工图纸和和现场施工监理，尤其擅长绿色屋顶的设计。

汉斯托克有着优异的设计和技术处理能力、项目管理和沟通技巧以及与庞大的跨学科设计团队合作的丰富经验，其设计尤其注重营造每个地方的独特氛围。

打造带有"历史记忆"的人文景观
——访加拿大景观设计师布鲁斯·汉斯托克

威斯敏斯特码头公园 — 石阶上展示了历史悠久的老照片。

景观实录：在您看来，什么是棕地？为什么说棕地的再开发至关重要？

汉斯托克：棕地就是曾经遭受过破坏、用于建设或开发的土地。棕地修复作为保护我们的环境和地球生态的一种有效手段，能够让开发项目从未受染指的土地转至曾经开发过的土地。

景观实录：您怎么看待棕地给人类带来的危害？棕地再开发有哪些潜在的好处？

汉斯托克：不是所有的棕地都对人类有害。总的来说，对那些曾经受到破坏的土地进行再开发，留下一片自然的土地，确保我们在人工与天然之间保持平衡，确实是有好处的。

景观实录：您认为废弃的工业用地能够改造成健康的、可持续的绿地吗？

汉斯托克：是的。在加拿大，这样的土地往往毗邻河流，市区里也有。这两种类型的地点都是开发成开放式公共空间或者公园的好地方。通过将这些受到破坏、且往往遭到污染的地方改造成绿色、健康、可持续的空间，我们也改善了水系和城市环境。

景观实录：景观设计师在棕地改造项目中扮演着什么样的角色？

汉斯托克：我们的职业起到桥梁的作用，连接着建筑师、工程师和环境咨询师。通过对棕地的规划、设计与开发，我们能够将建筑环境和自然环境进行融合。

景观实录：在废弃工业用地的设计中会遇到哪些难题？

汉斯托克：对我们来说，棕地修复的费用是最大的难题，因为这笔费用会让整个项目预算变得很紧张。正因如此，景观设计师不得不寻求创造性的设计策略，在预算有限的条件下设计出优秀的方案来。

景观实录：棕地上的一切都是需要清除的吗？您是否认为有些东西值得保留并在景观设计中加以利用？

汉斯托克：我们往往会去寻找用地上代表了"历史记忆"的元素加以利用，形成让人缅怀的人文景观。对我们来说，这是当地环境的一部分，也是整体设计过程的一个重要组成部分。有时候，让某些东西提醒我们过去的往事会对我们的未来产生积极的影响。

景观实录：在威斯敏斯特码头公园开发之前，该地的具体情况如何？

汉斯托克：那是一个废弃的工业码头，地上和地下都含有大量污染物。码头的木板结构有65~100年的历史了，包括支撑着木板平台的木桩，平台的木板涂有木馏油。

景观实录：在威斯敏斯特码头公园的设计中，您遇到过哪些难题？

汉斯托克：我们的设计团队主要面临两大难题。第一个难题来自新威斯敏斯特市政府，他们列出了许多希望囊括到公园设计当中的功能性元素。第二大难题是项目的进度要求，我们必须在大约12个月之内竣工，来自省政府和联邦政府的资金才能到位。这就意味着整个项目，从理念开发（包括咨询公众意见）到施工，必须在短短18个月内全部完成。

景观实录：您是如何解决这些难题的？

汉斯托克：我们的团队拟定了一个重要事项列表，根据重要性来划分，有的是"必须有"，有的是"预算允许则有"。为了囊括委托客户要求的那些功能性元素，同时保持项目预算平衡，我们的团队通过采用替代性材料以及具有成本效益的、经久耐用的材料，并通过开发高效的施工方式，解决了设计与施工中面临的困难。在我们的项目进度计划中，我们有一系列全员参与的讨论会，大大节约了设计和施工图纸准备过程的时间。市政人员也参与到这些讨论会中来，对出现的问题随时给予反馈，目的是简化行政审批的过程。

景观实录：您公司的许多棕地修复项目都做得很好。这类项目最令您感兴趣的地方在哪？

汉斯托克：最令人感兴趣的地方在于能够把原本对一个地方不利的因素，通过改造变成有益居民健康和我们赖以生存的生态环境的有利因素。

景观实录：作为团队的领导人，如果现在接到一个棕地开发的项目，您会组建一支什么样的团队？

汉斯托克：我们通常会和环境顾问、地质工程师、土木工程师、生态学家、规划师以及该地的最终使用者来共同合作。

景观实录：您认为什么是成为一名优秀景观设计师的关键所在？

汉斯托克：在我看来，一名优秀的景观设计师会去了解他要设计的那个地方的人们的想法，去满足他们的需求。他最终完成的作品反映的不是他个人的想法，而是所有相关的人们的要求，由他通过巧妙的设计来实现。

奥运村枢纽公园 — 管道桥告诉孩子们地下污水管道是什么样子的。

安德里亚斯·基帕尔
（Andreas O. Kipar）

安德里亚斯·基帕尔，国际景观设计师、城市规划师。基帕尔于德国鲁尔区取得他的首个景观设计专业学位，之后以优异的成绩毕业于米兰理工大学（Polytechnic University of Milan）建筑专业。基帕尔的设计领域是景观设计与城市规划，尤其擅长各种规模的土地环境修复，现任教于欧洲多所高校。

基帕尔是德国景观设计师协会（BDLA）主席理事会会员、意大利景观设计师协会（AIAPP）会员、德国园林与景观设计协会（DGGL）会员、意大利国家城市规划协会（INU）会员。2005年，基帕尔成为德国城市规划与景观设计学会（DASL）会员。

基帕尔曾荣获多个奖项，包括意大利城市规划学会的奖项、欧洲园林建设协会（ELCA）的欧洲景观设计奖、韦斯伐利亚北莱茵河（NRW）景观设计奖以及意大利撒丁区景观设计特别奖（Special Landscape Prize of Sardinia）等。

基帕尔是蓝德景观事务所（LAND Srl，全称是Land, Architecture, Nature & Development）和KLA景观事务所（KLA kiparlandschaftsarchitekten GmbH）的创始人兼董事，两家公司都在意大利和德国有分支机构。

通过绿色基础建设打造绿色城市
——访德国景观设计师安德里亚斯·基帕尔

景观实录：在您看来，什么是棕地？

基帕尔：如今，说起棕地并不意味着以前一定是工业用地，或者城市里面孤立的荒地。从某种程度上说，当代城市本身就是一种棕地，需要从基础建设的角度来看待，也就是说，如果我们想要复兴城市活力，我们需要考虑城市整体。我们要超越现代城市的禁锢，改变我们的观点和能力。我们要认识到，我们的城市是鲜活的有机体，需要从灰色变成绿色。换句话说，我们需要一种全新的设计理念，需要从绿色城市到绿色基础建设的转变。在欧洲设计理念的指引下，我们有了时尚、绿色的城市。这种巨大的转变当然需要有强大的绿色基础建设，其中"绿色"代表自然，"基础建设"代表技术。在欧洲，我们的认知是：一方面，"自然"是某种感性的东西；另一方面，"绿色"代表着技术的东西。我们不会再被技术吓倒，因为绿色基础建设就是技术。

蓝德景观事务所在米兰有着25年的从业经验，米兰可以说一直是我们的一块试验田。事实上，在"绿色射线"（Green Rays，蓝德景观事务所设计的城市绿色基础建设全球性战略，也是米兰城市绿色规划的一部分）的框架下，如今我们已经实现了五个工业用地的成功改造，分别是倍耐力轮胎公司车间用地（Pirelli，图1）、阿尔法·罗密

图1 倍耐力轮胎公司车间用地（地点：米兰比可卡区）

图2 阿尔法·罗密欧汽车工厂用地（地点：米兰波特鲁区）

图3 玛莎拉蒂汽车工厂用地（地点：米兰鲁巴堤诺区）

图4 菲亚特汽车工厂用地（地点：米兰莱昂尼区）

欧汽车工厂用地（Alfa Romeo，图2）、玛莎拉蒂汽车工厂用地（Maserati，图3）、菲亚特汽车工厂用地（Fiat，图4）和一块铁路用地。2015年米兰将举办世博会，所以我们也将"绿色射线"战略做了调整与扩展，应用在米兰西部的世博会场地上，进而扩展到"世博景观之旅"（LET）——旨在重塑周围景观活力的一场活动。

这一切得以实现全仰仗模式的转变——以一种后现代的方式实践，并在实践中学习。这是"白板"式思维方式的结果：我们不需要彻底改造自身，而是要把我们和周围的现实进行重新的组织和梳理。

景观实录：为什么说棕地的再开发至关重要？您怎么看待棕地给人类带来的危害？棕地再开发有哪些潜在的好处？

基帕尔：我们别无选择，只有利用棕地——从前的工业用地，来停止对土壤和资源的消耗。我们在追求高密度的城市，我们需要更高的密度，更好的通透性。在欧洲，我们对密度已经习以为常，习惯

了居住在高密度的城市里。棕地可以在老环境和新环境之间形成一种过渡和衔接。这是未来面临的巨大挑战——通过棕地的改造和修复来为现代城市创造出新的可能性。

我们有幸在这个领域有所专长，能够将"绿色射线"策略在米兰和埃森进行实践——要知道，米兰曾经是意大利最重要的工业城市，而埃森的鲁尔峡谷（Rhur Valley）曾是欧洲最重要的工业区。现在我们正着手进行其他几个重要的工业城市的项目，从都灵到威尼斯的马尔盖腊港（Porto Marghera）。我们接下来的目标是莫斯科、圣保罗、伊斯坦布尔以及中国的许多迅速发展的城市。

景观实录：您认为废弃的工业用地能够改造成健康的、可持续的绿地吗？景观设计师在棕地改造项目中扮演着什么样的角色？

基帕尔：棕地再开发，变成健康的、可持续的环境，这个过程意味着巨大的改变，其中也蕴含着巨大的机遇。景观设计师扮演的角色至关重要，景

观不只是装点门面的，景观的营造带来新的发展策略。景观设计师过去曾被视为园艺师，但他们事实上战斗在整体改造的最前沿，决定着用地的改变，解决生态、经济和社会方方面面的问题。要知道，用地上的每件事都要基于土壤、水源与绿化来进行考虑（图5），最后一切要汇成一个整体，就是我们所说的绿色基础建设。

从这个角度上说，米兰蓝德景观事务所已经准备好面对这个挑战，通过ReFIT改造网（图6）展开一系列改造活动。这是在棕地改造、修复技术和景观设计等方面擅长不同领域的多家公司联合开展的一项合作。ReFIT改造网项目的首要目标是通过植物修复手段来对受到污染的地区进行再开发，让这些地区能够产生可再生能源。这种创新方式能开发出新的资源，同时提升当地景观的价值。

景观实录：在废弃工业用地的设计中会遇到哪些难题？比如说，在蒂森克虏伯公司总部和波特鲁公园这两个项目的设计中，您遇到了哪些难题？又是如何克服的？

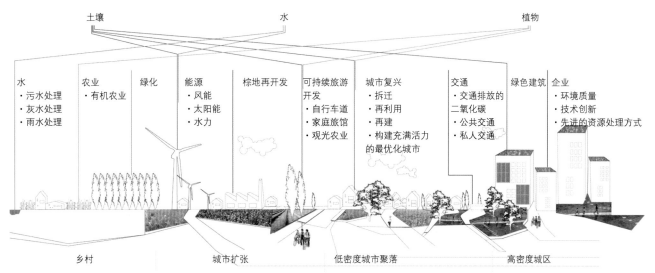

图5 "绿色景观经济"（GLE）原则：土壤、水源与绿化

图6 ReFIT 改造网

基帕尔：最大的难题是如何将所有的空间要求汇集在一个稳健、平衡的整体规划中。在波特鲁公园这个项目中，我们清除了255,000立方米的土壤；在蒂森克虏伯公司总部项目中，我们找到了一个收集屋顶雨水的办法，将雨水注入公园的湖中以及面向总部大楼的大集水池中。说到底，这是一个"连接"的问题——将整个环境各个构成元素的新陈代谢过程进行流畅的连接，连接的同时就营造出景观。波特鲁公园和克虏伯公园本身也都是一种连接，连接着城市的绿色基础建设——米兰和埃森的"绿色射线"规划的一部分。

景观实录：棕地上的一切都是需要清除的吗？您是否认为有些东西值得保留并在景观设计中加以利用？

基帕尔：只有现代主义的老式思维才会认为"白板策略"才是正确的方式。我确信，未来将会是完全不同的，并且我坚信我们需要尽可能保护并修复老旧工业区上的一切。工业遗产对任何项目来说都是为之增值的，它让人觉得未来是在过去的基础上真实的发展。现在的"现代化"是什么呢？我们希望"新"能够适当地介入，同时我们支持这样的观点：在"老"的基础上进行改造和修复会更好。我认为"新"与"老"两股力量的合作必将带来比"白板"更好的未来。

景观实录：能否介绍一些棕地开发中用到的重要修复技术？您在污染的土壤、水源、植被和废物的处理中有没有什么特别的技术和方法？

基帕尔：棕地修复是个有趣的问题，因为其中涉及两个变量——费用和时间。

棕地的修复与改造通常需要一个过程，发生在一段时间内。在这个转变期间内，我们可以尽量提升当地的环境价值，满足经济发展的需求。

事实上，ReFIT联合改造网的设计就是出于商业上的考虑，同时结合了棕地开发的技术，目标是从曾经遭受严重污染并受到忽视的土地中营利。这种商业模式采用了植物修复技术，以污染土地的长远恢复为目标，旨在利用大片的废弃土地来发电和供热（利用可再生能源），其设计方法以景观和环境的改善与复兴为导向，最终实现了土地增值的目的。

这些策略可以根据具体情况以组合的方式采用，实现最佳效果。植物修复技术的费用不高，并且能让土地的绿化迅速呈现出效果。土地上生长的植物作为生物量能够转换成经济增长。好的设计会让一个地区的改造随着时间的流逝带来积极的显著效果，提升土地自身的价值。

植物修复技术利用乔木、灌木和草本植物来清洁土壤、水源与沉积物。这种技术可用于受到多种因素污染的地方，治理污染的同时还起到环境绿化的作用。同时还有另外一个目标，那就是通过植物修复作用让污染地重获生机，并生成可再生能源。有了这项创新的技术，土地上能够增加新的资源，有些元素还能够提升环境质量。植物带来的生物量对景观来说是一种缓和元素，能促进土壤的更新。植物的存在让土地的改造迅速呈现出不一样的

面貌。

如果我们同时采用几种技术，那么对土壤、水源、植被和废物的治理就变成一个连贯的过程，最终对棕地实现修复和改造。不过我们不要忘记，每个棕地改造项目都应该注意保有该地独有的景观特色。

米兰的波特鲁公园就是这种一体化改造方法的一个成功范例。清除的土壤采用附近施工工地上挖掘的材料进行填充。克虏伯公园（"五山公园"）也一样要面对棕地开发的挑战，这个项目尤其关注对水源的治理。我们在俄罗斯莫斯科设计的霍登卡公园（Khodynka Park）获得了一等奖，这个项目是改造一个飞机场，这里的土壤将经历一个漫长的修复和改良过程。

景观实录：不同种类的修复技术在时间上有何区别？比如清理污染土壤或者生物修复（植物修复）等；费用如何？

基帕尔：棕地修复涉及两个变量——费用和时间。植物修复的费用相较于其他化学技术或者垃圾的清理和运输要低得多。这项技术的关键是土壤修复需要较长的时间。

按照ReFIT改造网的方式，棕地改造所需的时间不是完全没用的，而是可以变成一段非常有价值的时间，因为绿色基础建设的投入带来土地的升值，同时，生物量的引入本身就是能够带来经济收益的一种活动。

在长期修复与经济价值之间没有矛盾或者分歧，因为在修复的过程中，土地一直得到增值，直至完全修复；修复过程结束后，这些地区将从修复过程中投入的绿色基础建设中获益。

我们与意大利建筑师伊塔洛·罗塔（ItaloRota）合作的塞林·乔尼斯项目（Saline Joniche）是这种方法的完美代表。天然土壤需要经历一个修复过程，在此期间，人造地平面作为替代品，从工程之初一直满足了这块土地的使用需求。

景观实录：您公司的许多棕地修复项目都做得很好。这类项目最令您感兴趣的地方在哪？您觉得哪个项目最具挑战性？您又是如何处理的？

基帕尔：我觉得可以将克虏伯公园视为最具挑战性的项目，也是我们在棕地领域做的最重要的项目。在这个项目中我们创造了一种因地制宜的灵活

图 7 霍登卡公园——鸟瞰图

的策略——山丘和生物形态的小路构成了这座公园的主体结构（又名"五山公园"），实现了一种全新的景观设计手法。美国社会批评家、作家杰里米·里夫金（Jeremy Rifkin）的口号是"与自然停战"，而我说：与自然停战，与自然合作！不要再模仿自然、复制自然，我们现在需要诠释自然及其存在方式，让自然重获其完整性。换句话说，因为当前我们正面临着第三次工业革命，所以我们必须与自然更多地合作，以期实现长远的可持续发展，应对全球经济危机、能源安全和气候变化三方的挑战。

从米兰到埃森，从埃森到莫斯科。经过几年的经验积累，我们现在能够把"与自然合作"这条原则应用到我们的设计中来，改造了莫斯科这块机场用地——霍登卡公园（图7）。这片土地是创建俄罗斯最现代化的城市公园的完美场地，在设计与自然之间达到了完美的平衡。

景观实录：作为团队的领导人，如果现在接到一个棕地开发的项目，您会组建一支什么样的团队？

基帕尔：我的团队里要有景观设计师、建筑师、城市规划师、艺术家和平面设计师。

景观实录：在您的职业生涯中发生过什么趣事吗？有没有什么特别的人曾经对您产生重大影响？您认为什么是成为一名优秀景观设计师的关键所在？

基帕尔：埃森那个项目比较有趣。这个项目始于我与埃森市长的一次散步。在米兰，他亲眼看到"绿色射线"规划的实施效果——这是米兰蓝德景观事务所打造的战略性规划，已经成为米兰官方的城市绿化规划的一部分。市长问我："我们为什么不能也在埃森尝试呢？"

我们立即着手研究埃森的情况，尤其是将埃森市南北两条河流进行连接的可能性。我们决定采用

三种"垂直连接"，同时与两条水系的线性结构相连，形成一个蜂窝结构。在米兰是放射状的"绿色射线"形式，到了这里则是蜂窝形式，将全部土地囊括其中，并确保未来的发展。

这一极具挑战性的改造的成果是：如今埃森市已经成为2016年"欧洲绿色首府"的候选城市。我希望更多的市长能到埃森散步，然后说："为什么不能在我的城市尝试呢？"

图 8 莫斯科国际金融中心（IFC）

图9 "威尼斯绿之梦" （VGD）

景观实录：您目前或者在不久的将来要做的有什么特别的项目吗?

基帕尔：当然有，比如说我们在莫斯科和威尼斯的项目。我们在莫斯科国际金融中心（图8）项目中应用了"绿色射线"规划，打造了一个微型绿色城市，我们称之为"平衡城市"。

莫斯科这个项目的团队包括德国ASTOC建筑事务所和HPP建筑事务所，景观设计由蓝德集团旗下的KLA景观事务所负责。这一团队在最终入围莫斯科国际金融中心国际竞赛决赛的三支团队中雀屏中选。在这个项目中，我们想要将俄罗斯首都的整个一片城区进行彻底的改造。这个开发项目的设计策略是从绿色基础建设开始——事实上，绿色空间和行人步道是本案整个城市复兴规划的基础，这个新城区就在绿色基础建设的基础上发展出来，确保了良好的空间环境和生活品质、高标准的生态环境和可持续性发展。

另一方面，在距离莫斯科约2500千米的地方——威尼斯，我们正在尝试一种完全相反的方式。通过"威尼斯绿之梦"（Venice Green Dream，图9）和2015年威尼斯世博会之门（Venice EXPO Gate 2015，图10）这两个项目的设计，我们认为在威尼斯的马尔盖腊港可以实现一种新的战略规划。不是投入绿色基础建设，让城市可以在不久的将来呈现出绿色景观；在这里，我们面临的是数十年废弃不用的土地带来的艰巨困难。经过密集的工业活动后，在20世纪90年代，随着工业的衰退，许多地区都受到严重污染，土地废弃不用。在这样的情况下，我们正在着手修复并改造约35公顷的一片广阔土地。

这个曾经的工业区首先通过"威尼斯绿之梦"项目进行初步的开发，使其重回市民和游客的视野。"威尼斯绿之梦"是一块50米见方的标志性绿地。现在我们正在着手将这片土地改造成威尼斯世博会之门。这是一个雄心勃勃的大项目，将以这块棕地改造为起点，实现马尔盖腊港重工业区复兴的宏伟战略。

景观实录：能否谈谈棕地开发和景观设计的未来?

基帕尔：从绿色城市到绿色基础建设，目标只有一个，那就是更好的生活质量。与自然合作，在这个变幻莫测的世界里打造更好的未来。关键词是"创新"，从整体的项目规划，到其中的具体过程。

图10 2015年威尼斯世博会之门